モード誌クロノロジー

世界と日本を読み解く

Yokoi, Yuri 横井 由利◉著

A Chronology of Mode Magazine

Reading the world and Japan

北樹出版

はじめに

近年ファッション情報を入手する手段としてインターネットを活用する人が増えているが、それ以前はもっぱらファッション誌が情報源であった。もちろんファッション誌は今なお有用な情報源のひとつではある。裏を返せば、衣服やアクセサリーなどの装身具が消費者の手に届くためには、店舗だけではなくファッション誌の存在が欠かせないものなのだ。

まず最初に本書がタイトルに使用している「モード」という言葉と一般的に使用される「ファッション」、または「ファッション誌」と「モード誌」の違いについて整理しておく。「ファッション」はいうまでもなく衣服とその周辺のもの全般を指す英語で、「モード」は同じ意味を持つフランス語だ。言葉のうえでは同じモノ、コトを指しているはずであるが、日本において「モード」はハイブランドや欧米との関連性が漂う特別な言葉として使用されることが多い。ここでは、欧米のライセンスマガジンとインポートブランドがわが国のファッションシーンにもたらした影響を中心に述べていく。

欧米のモード誌のタイトルと一部の記事を使用するライセンスマガジンは、1970年に平凡出版（現マガジンハウス）が創刊した『アンアン／エル・ジャポン』に始まった。それ以前にも、『装苑』や『スタイル』などのファッション誌により、一部海外のファッション情報を伝えてはいたが、パリコレクションで発表されたものを外国人モデルが着こなした写真が本格的に掲載されるようになったのは、『アンアン／エル・ジャポン』からである。その後1990年代まではいくつかのライセンスマガジンが創刊されるが、2000年を迎えると『ヴォーグ』のようにジョイントベンチャー（共同出資）方式のものも出現した。

本書第1部から第5部までは、デジタルサイトのファッションヘッドラインに『日本モード誌クロニクル』として計34回にわたり連載したものをベースに編纂した。日本におけるモード誌の変遷を繙くうちに、インポートブランドが日本に上陸したり、ブランドビジネスがグローバル化するタイミングと、新雑誌の創刊やリニューアルのタイミングが重なり、ともに発展していったことがあきらかになった。この連載は、創刊編集長や現在の編集長インタビューを基に書き下ろしたもので、ライブ感あふれる読み物として楽しめるとともに、モード界の方々が忘れていた記憶を甦らせ、語り継ぎたい事柄も多く含まれるため、新人教育のテキストとしても活用できるとのお言葉もいただいていた。

さらに第6部はモード誌とモードの関係を考察するために、欧米で活躍した6名の名物編集長たちのプロフィールを描き、時代を切り開く編集者としての勘と洞察力がモード界を活性化させた要因を探る部を設けた。第7部では「ファッションの世紀」と呼ばれた20世紀パリモードの変遷を1890年代から第2次世界大戦前まで、戦後1950年代のオートクチュール全盛の時代、1960年代から現在までをディケードごとにデザインとスタイルの特徴でまとめ、モードとモード誌が表裏一体にあることを表した。また、視点を国内に移し、海外のファッションシーンに影響をおよぼした5名の日本人デザイナーの仕事を紹介するとともに、日本独自の文化がいかに欧米の人々に浸透していったかを解き明かしていく。最後に2000年代から始まったラグジュアリーブランドのデザイナー交代を年表にして付録としたが、本書を熟読した後にこれを開くと、交代劇の必然性が見えてくる仕組みになっている。

この1冊が、ファッションを初めて学ぶ学生や、ファッション誌の編集者を目指す学生にとって、社会で繰り広げられているファッション界のできごとを垣間見るチャンスになるとともに、すでにファッション界（アパレル、広告、雑誌すべてをいう）で働く人たちの参考書になることを願ってやまない。

2017年2月

横井　由利

目　　次

序　　章　海外ブランド上陸 …… 3
1. 海外におけるモード誌の誕生（3）　2. モードが日本にやってきた：百貨店の役割（5）　3. 文化を売るセレクトショップ「サンモトヤマ」（6）　4. ライセンスビジネスの始まりと終わり（9）
【コラム 1】パリコレの歴史と役割（10）

＊第1部　フレンチシックを代表する3つのモード誌＊

第1章　『エル』とは …… 14
1. モード誌元年はこうして始まった（14）　2. モード誌の変容（17）　3. 変化を恐れず前進する（19）　4. 日本版スタイルの完成（21）　5. 25周年目の新基軸（23）　6. デジタル時代のモード誌（26）

第2章　『マリ・クレール』とは …… 29
1. 身近になったパリ（29）　2. 知性とモードの共存（31）　3. エコ・リュクスをまとったモード誌（33）　4. 新コンセプトでの復刊（35）

第3章　『マダム フィガロ』とは …… 38
1. パリの香りが漂うモード誌（38）　2. パリジェンヌの日常を紹介（40）　3. 日本流モードの提案（42）　4. 初心に帰って月刊誌化へ（43）　5. 25周年は「私のパリ」が合言葉（45）

＊第2部　世界のハイエンドモード誌＊

第4章　『ヴォーグ』とは …… 48
1. 満を持して『ヴォーグ』上陸（48）　2. ベールを脱いだ「ヴォーグ コード」（50）　3. 揺るぎない「ヴォーグ コード」（52）　4. 強いリーダーによる変革（54）　5. 立ちはだかる困難を乗り越えて（56）　6. モード誌の進化型が始動（58）

第5章　『ハーパーズ バザー』とは …… 61
1. 世界で最も歴史のあるモード誌（61）　2. プチバブルとともに上昇気

流に乗る（*63*） 3.「創刊」という新たな扉が開く（*65*） 4. 雑誌コンセプトの見直し（*67*）

第６章 『ロフィシャル』とは……70

1. オートクチュールの世界を披露（*70*） 2. 2回目の『ロフィシャル ジャパン』創刊（*72*）

【コラム2】日本版モード誌のルールを変えた『ヴォーグ ニッポン』（*75*）

＊第３部 強者編集者揃いのインディペンデント系モード誌＊

第７章 『ヌメロ』とは……78

1. ふたつの産みの苦しみ（*78*） 2.『ヌメロ トーキョー』＝田中杏子といわれるまで（*80*）

第８章 『ナイロン』とは……84

1. インディーズの強みを生かす（*84*） 2. モード誌からストリート誌への転換（*86*） 3. デジタルネイティブにむけた雑誌作りへ（*88*）

＊第４部 モード誌の新形態＊

第９章 『T マガジン』とは……92

1. 朝日新聞社と集英社がタッグを組んだ『T ジャパン』（*92*） 2. 大人のスタイル誌を作る（*93*）

第10章 『コスモポリタン』とは……96

1. 紙媒体からデジタルへの移行（*96*）

【コラム3】同業他社とのデジタル戦略『ELLE SHOP』×『ミモレ』（*99*）

＊第５部 デジタル時代のモード誌の未来＊

1. ハースト婦人画報社のデジタル戦略（*102*） 2. コンデナスト・ジャパンの未来予想図（*104*）

＊第６部 モードの流れを変えた６人のファッションエディター＊

1. カーメル・スノー（Carmel Snow）（*110*） 2. ダイアナ・ヴリーランド（Diana Vreeland）（*112*） 3. リズ・ティルベリス（Liz Tilberis）（*115*） 4. アナ・ウィンター（Anna Wintour）（*118*） 5. カリーヌ・ロワトフェルド（Carine Roitfeld）（*121*） 6. 山崎真子（Mako Yamazaki）（*122*）

＊第７部　20世紀パリモードの変遷＊

1. コルセットからの解放（*128*）　2. 女性デザイナーの時代（*129*）　3. オートクチュール全盛の時代（*131*）　4. ストリートファッションがモードを超えた時代（*133*）　5. プレタポルテの時代（*134*）　6. モードの価値観を変えた日本人デザイナーの時代（*136*）　7. ファッションビジネスが優先される時代（*138*）　8. ラグジュアリー vs. ファストファッションの時代（*139*）

結びの言葉（*142*）

参考文献（*144*）

初出一覧（*146*）

デザイナー変遷年表（*149*）

モード誌クロノロジー

世界と日本を読み解く

序. 海外ブランド上陸

1. 海外におけるモード誌の誕生

モードとは、移ろいやすいものである。昨日まで黒い服がトップトレンドだったはずが、翌日には白い服の時代がやってくる。こうした現象は、デザイナーの単なる気まぐれではなく、時代の空気を読み解き、デザイナー自身の感性で新しいスタイルを提案することによるものだ。

モード誌の編集者は、その情報を素早くキャッチし、クオリティの高い写真と文章で、新しい時代の女性像を描き出すのが仕事である。それが、さらにデザイナーを刺激する。モード界とモード誌は、19世紀から表裏一体となり進化してきた。その流れに消費者が賛同して時代のモードが完成するのだ。

パリでオートクチュール組合（現在のサンディカ）が開設された1867年は、現存する世界初のモード誌アメリカ版『ハーパーズ バザー』が創刊された年でもあった。そのころからすでにモードの中心はパリにあり、パリから発信される最新モードにアメリカの女性は、憧れ胸躍らせていた。その証拠に、創刊号の『ハーパーズ バザー』には、当時のファッショニスタ、ナポレオン3世の妃ウジェニーのファッションが掲載されている。1892年にはアメリカ版『ヴォーグ』が創刊され、ともに世界を代表するハイエンドなモード誌として、女性たちをリードし続けている。『ヴォーグ』は現在22の国と地域、『ハーパーズ バザー』も18ヵ国（2016年調べ）で発刊され、モード誌ファンを魅了している。日本上陸は、ともに21世紀の扉が開こうとしていた1999年から2000年のこと。国内のラグジュアリーブランドが、成熟したころを見計らったかのようなタイミングだった。

モードの発信地パリに、『エル』や『マリ・クレール』が登場するのは、『ヴォーグ』、『ハーパーズ バザー』より約50年後のことだ。パリ生まれのモード誌は、パリジェンヌのライフスタイルをフィーチャーし、ファッション、インテリア、食、とトータルに質の高い暮らしを提案するもので、アメリカ発のモード誌とは趣を異にしている。

日本初の、海外提携モード誌、『アンアン／エル・ジャポン』が創刊した1970年のパリのモードは、オートクチュール（高級仕立て服）からプレタポルテ（高級既製服）へ移行する過渡期であった。フランスの『エル』や『マリ・クレール』は、プレタポルテの時代をパリジェンヌの粋なスタイルとして表現し、それが日本女性の感性にフィットした。一般的なフランス女性と日本女性の体格が近いため親近感がわいたのではないかと話題に上ることもある。それを証明するエピソードとして、90年代にディオールの特集をするために、ブランド創始者であるムッシュ・ディオール時代のドレスをモデルに着せようとしたら、日本人モデルしか着ることができないほどの、華奢なサイズの服だったと聞いた。

粋なライフスタイルを信条とするフランスのモード誌のなかにも、ハイエンド（ラグジュアリーで洗練された）のモードを提案するフランス版『ヴォーグ』や『ロフィシャル』がある。フランス版『ヴォーグ』は、他国の『ヴォーグ』に比べて、カリーヌ・ロワトフェルド元編集長をはじめ現編集長エマニュエル・アルトも『エル』の編集者だっただけに、ゴージャス、エレガンスのなかにカジュアルなモード感が漂い、それがフランス版『ヴォーグ』のスタイルになっている。

元『グラムール』の編集者だったバベット・ジアンが1999年に創刊したインディペンデントなマガジン『ヌメロ』もフランスの雑誌らしく、ライフスタイル型（ファッションはもとより、デザイン、建築、ファインアートに定評がある）モード誌とカテゴライズされるが、エッジイな視点でのヴィジュアル表現はハイモード感を醸し出し、クリエーター系の人たちに支持されている。

これらの、アメリカ、フランスのモード誌は、現在いずれも日本版となって出版されている。次に、それが日本のマーケットに浸透していく過程とモードの進化を重ねあわせて、述べていく。

2. モードが日本にやってきた：百貨店の役割

第2次世界大戦が終結した2年後の1947年にクリスチャン・ディオールが初のコレクションを発表すると、おしゃれ心を忘れていた世界中の女性たちを魅了した。

それから6年後の1953年、大丸百貨店はディオール社と独占契約を結び、翌年オートクチュールのディオール・サロンを百貨店内に開設した。メディアを通してしか知りえなかったパリのモードを、日本女性が目にした記念すべきできごとだった。さらに、6年後の、当時の皇太子殿下の結婚式で美智子妃殿下がお召しになったウェディング・ドレスがディオール社のものだったことは、のちに公にされた。

また1958年には日本のマーケットを調査するため来日したピエール・カルダンが、文化服装学園で立体裁断の授業をおこない、高田賢三をはじめ、その後日本を代表するデザイナーとなった学生たちを大いに刺激した（翌年高島屋とオートクチュール販売の契約を結び、以後ファッションから生活雑貨にいたるライセンスビジネスをスタートさせていった）。

そして1963年、イヴ・サンローランが帝国ホテルで開くショーのため初来日した。三島由紀夫は『肉体の学校』（ちくま文庫）に、ショーが始まる前にそのプレッシャーに押しつぶされそうになっ

川島ルミ子著、横井由利編『YSL The Beginning of a Legend』（アルク出版 2000年）

ているサンローランのナイーブさを描写している。のちに西武百貨店と契約が成立し、池袋店にサロンを開設することになり、当時のファッショニスタ、女優の加賀まりこや作詞家の故安井かずみが、顧客リストに名を連ねた。高度経済成長期の真っ只中、百貨店がインポートブランド（モード）導入に力を注いだ時代だった。オートクチュールとはいえ、最新コレクションの型紙と布地を買い付け、縫製を日本でおこなうというライセンスビジネスだ。

当時、日本の女性にパリモードの空気感を伝え、夢を与えていたのが、『服装』『装苑』『ドレスメーキング』などのファッション誌だった。どのファッション雑誌もクチュールメゾンのシルエットを模した型紙を巻末に添付していた。一般的には、最新パリモードの商品が店頭に並んだものを買うというより、模倣して作る時代、その情報を提供するのがファッション誌の役割だった。

一方、フランスでは1963年パリでおきた「五月革命」を境に、民主化の気運はモード界にもおよんだ。一部の富裕層を対象にしたオートクチュールから、おしゃれを自由に楽しみたい若い女性にも手が届くプレタポルテ（既製服）の時代が訪れたのだ。クチュールメゾンと並行してモードの民主化に取り組んだ、イヴ・サンローランは、66年セーヌ川左岸にプレタポルテのブティック、サンローラン・リヴ・ゴーシュをオープンした。

1965年単身パリに渡った高田賢三は、1970年ギャラリー・ヴィヴィエンヌに「ジャングル・ジャップ」をオープンし、たちまち時代の寵児となる。さらにモード誌のリーダー的存在だったフランス版『エル』の表紙に、東洋からやってきた新進デザイナー高田賢三の服が掲載されると、リヴ・ゴーシュのサンローランと肩を並べ、パリを代表するプレタポルテのデザイナーとなり、世界の女性たちに愛されるようになった。

3. 文化を売るセレクトショップ「サンモトヤマ」

わが国と欧米のラグジュアリーブランドの関係を知るには、銀座並木通りにあるセレクトショップ「サンモトヤマ」について知る必要がある。「サンモトヤマ」の現会長茂登山長市郎は、戦後まもなくアメリカ製のハンドバッグやネクタイ、ライター、万年筆、リーバイスのジーンズを仕入れて商売をしていた。モノ不足が続く当時、海外の珍しいものを揃えた茂登山の店には、夫人へのプレゼントを求める男性や映画女優などが訪れ人気を博したという。その客のひとり、日本を代表する写真家の名取洋之助は茂登山に対して「本物が醸し出す美しい文化はヨーロッパにある」と説き、いつか自分の目で確かめるべきだと勧めていた。

1959年（昭和34年）外務省を通して視察という名目で、ヨーロッパを巡ることになった茂登山は、名取洋之助の言い付けに従い、美術館や教会、一流の食事やホテルを体験した結果、その地が育んだ文化を肌で感じることになる。帰国から数ヵ月後、再び名取洋之助に伴われて渡欧することになった。そのときの様子を、茂登山は自著『江戸っ子長さんの舶来屋一代記』／2005年刊 集英社新書に、「パリではルーブル美術館を出て通りを歩くとエルメスと出会い、マドリッドでプラド美術館を出るとロエベと出会い、フィレンツェのウフィツィ美術館を出るとグッチに出会った」と記している。

そして1964年東京オリンピックの年の春に銀座並木通りに本店を移転した「サンモトヤマ」の店頭には、これらのブランド商品が並ぶことになった。この時点で茂登山は、単に商品を仕入れて販売する店舗ではなく、ヨーロッパの各地に息づく文化が育んだ商品を売る店作りを目指したという。

茂登山はすでに1962年に日本でのグッチの独占販売権を獲得していた。また、エルメスは総代理店契約をした西武百貨店の堤邦子の推薦もあり、何度も足を運び「文化」を売りたいと懇願した「サンモトヤマ」を、日本で最初にエルメスの製品を扱える専門店として選んだのだ。「サンモトヤマ」は“グッチとエルメスを正式販売する店”として、名実ともにヨーロッパの文化を売る店となった。

同じころ、今も商社としてラグジュアリーブランドを扱う三喜商事、アオイ、ブルーベルジャパン、コロネット商会、サン・フレール、などの有力取引先に茂登山が呼びかけ、“海外の文化を輸入して、日本の消費文化に貢献する”を

1964 年銀座並木通りにオープンしたサンモトヤマの店内

テーマに、業界の太陽として輝くために「太陽会」を発足させた。それは、世界の一流品を輸入、卸、小売する代表的な 22 社が集まった協同組合だ。70 年代に入ると、地方都市の百貨店と共同でインポート主体の特選売り場を作り、海外の文化の香りを漂わせながら日本中に広がっていった。

1960 年代までは、海外ブランドの取り引きは百貨店がリードし、専門店が参入できるものではなかった。当時は戦争を経験した海外の老舗ブランドも、ビジネスの立て直しをはかる途上にあり、商品に「文化」的な価値を見いだす茂登山の審美眼に信頼を寄せたに違いない。欧米との信頼関係を構築するにあたり「サンモトヤマ」が掲げた理念は、海外と日本の距離を近づける要因となったのは間違いない。

東京オリンピックを契機に、日本経済は右肩上がりの時代を迎え、その動きを捉えたヨーロッパのラグジュアリーブランドは日本のマーケットに照準を合わせ、百貨店や「太陽会」のメンバー企業を介しファッションやジュエリーの販売網を拡大していった。第 1 次ブランドブームの到来である。

4．ライセンスビジネスの始まりと終わり

1956年の経済白書に「もはや戦後ではない」と記された言葉は、その後始まる日本の経済成長のキックオフ宣言でもあった。

時期を同じくして、戦後誕生したクリスチャン・ディオールやイヴ・サンローラン、ピエール・カルダンなどのメゾンは、大丸百貨店、西武百貨店、髙島屋百貨店とオートクチュールのライセンス契約を結び、グローバル化の戦略を展開し始めていた。ライセンスの形態としては、新作のドレスやスーツやコートの型紙と服地を日本に送り、パリと同じレベルに仕立てることができるアトリエを日本に置くというものだった。ライセンスとはいえ、1着の価格はパリと同等またはライセンス料が加算される高価なものであった。日本におけるライセンスビジネスの始まりである。

さらに、「一億総中流」と呼ばれた1970年代に入ると、日本人は海外旅行に出かけ、海外ブランドを日常生活に取り入れるようになっていった。

オートクチュールメゾンは、クチュールのドレスばかりか、繊維業界やアクセサリーや日用品や化粧品メーカーにデザインを提供する日本向けのライセンスビジネスを開始した。ビジネスの方法としては、商社や百貨店をマスターライセンシー（ライセンサーから商品化できる複数の権利を与えられている）と契約を締結し、その商社や百貨店が、ウエア、スカーフ、タオルなど、ファッションから日用雑貨を製造するメーカーをサブライセンシーとして、ライセンスビジネスを展開する方法である。

日本人の研究熱心な国民性と、ひとつのことを極めようとする技術力に支えられ、他国では定着しなかったライセンスビジネスは、わが国では成功することができたのだ。デザインを提供する欧州のライセンサーにとって、資金確保に大いに役立つシステムではあったが、同じメソッドでアメリカの企業とライセンス契約を結ぼうとしても、互いの利害が一致せず成功に至る企業は少なかった。このライセンスビジネスは、日本に居ながらにして欧州のファッションと生活様式を身近に感じさせる機会をもたらしたのだ。

1990年後半から2000年代に入ると、老舗ラグジュアリーブランドは、単独ブランドだけでの経営が難しい時代を迎えた。大企業が異業種企業を合併、吸収するコングロマリットが進み、新しいビジネスモデルを展開した。コングロマリットの最高責任者は、傘下に収めたラグジュアリーブランドのリブランディングに着手した。LVMHモエ ヘネシー・ルイ・ヴィトン社（通称LVMH社）に属した、クリスチャン・ディオールは長年ライセンス契約を結んでいた鐘紡との契約を1998年に打ち切り、2000年にはグッチグループの傘下にあったイヴ・サンローランもライセンスビジネスを終了した。1970年からイギリスのバーバリー社と独自のライセンス契約を長年継続させていた三陽商会も、2015年契約が満了し屋台骨を失うと、経営の立て直しを余儀なくされた。

戦後間もなく始まったファッションにおけるライセンスビジネスは、その役割を終え、ライセンサーとライセンシーという主従的な関係を解消し、異業種同士互いの技術やアイディアを提供し新商品の開発にあたったり、アーティストの感性を商品に取り入れるなど、新たに互いに協力しあうコラボレーションの時代へと移り変わっていった。

【コラム1】パリコレの歴史と役割

イギリス人のシャルル・フレデリック・ウォルトが、1858年パリでメゾンを開きオートクチュール（以後クチュールとする）のシステムを確立すると、ウォルトに倣ったメゾンが続々と開店し、クチュールの最盛期が到来した。1868年にクチュールとコンフェクション（既製服）の組合が設立され、それを改編して1911年にクチュール組合を組織し、メンバーになる条件やデザインの盗用を防止する規定を定め、現在のような形式のパリコレクション（以後パリコレという）が始動した。当時は1月春夏、4月盛夏、7月秋冬、10月真冬とシーズンを分け、1月と7月をメインコレクションとした。その当時すでにアメリカから『ヴォーグ』の編集者がパリコレ取材に訪れ、イラスト入りでコレクションをレポートしていた。世界恐慌の翌年1930年には『ロフィシャル』誌の提案で、12日間から6日間にコレクションを縮小したものの、不況下にありながらもクチュールメゾンがショーを開催していたことは、フランスにとってファッションビジネスが経済を支える重要な部門であったことをうかがわせる。その後、第2次世界大戦が勃発すると、シャネルやヴィオネはメゾンを閉じるが、ランバン、ニナ リッチ、バレンシアガなどは細々ながら新作を発表していた。
戦後の1947年、クリスチャン・ディオールが初のコレクションを発表すると、オートクチュールの黄金期が始まった。当時のショーは1月春夏と7月秋冬の年2回開催され、各メゾンのサロンでお抱えのマヌカン（モデル）が新作を着て発表する形式だった。
70年代に入るとファッショントレンドの発信源は、オートクチュールからプレタポルテへと移っていった。組織化されたプレタポルテは、1976年よりポルトマイヨの国際展示場でコレクションを開くようになった。その後、フランスの文化大臣ジャック・ラングはパリコレがもたらす経済効果に着目し、1982年にルーブル美術館のクールカレと呼ばれる中庭にテントを立て、パリコレの存在をアピールした。また、ECが統合した1993年、ルーブル美術館の大改装が終わると、地下に設けられた大小3つの会場を有するカルーゼル・ド・ルーブルに場所を移し、華々しくパリコレは開催された。
80年代半ばから2000年代に入るころまで、ファッションの業界人たちは「パリコレを見ずしてモードは語れない」とシーズンになるとパリへ取材に出かけ、パリコレは活況を呈した。80年代はパリコレに登場する日本人デザイナーのモードは海外の業界人の羨望の的となり、同時に日本経済は黄金期を迎え、経済力と美意識、感受性を持つ日本人を評価する時代になった。そのことはコレクション会場のシーティング（席決め）を見ると一目瞭然、会場の隅に配された日本人席は、しだいに中央に移され席数も増えていき、モードの世界で評価が上がっていることを実感した。ところが中国版『ヴォーグ』が創刊された2005年頃から、しだいにチャイナマネーの勢いに押され日本人席は縮小していく。このことから、パリコレは、新作発表の場だけではなく、あくまでもビジネスの現場だということがわかる。
また昨今は2008年のリーマンショックと2015年のパリを中心としたテロの影響で、ファッション業界は経費のかかるコレクションを縮小する傾向にある。さらにインターネットの普及に伴い、ショーのあり方が変わる可能性もある。ショーをコンパクトにして一部のメディア関係者のみに公開し、消費者へはライブストリーミングで同時に新作が見られるようなシステムを構築するブランドの動きもある。150年余り続くパリコレの歴史が大きな節目を迎えようとしている。

第1部

フレンチシックを代表する3つのモード誌

海外の提携モード誌が最初に日本に入ってきたのは、フランスの『エル』だった。その後、『マリ・クレール』『マダム フィガロ』と10年毎に上陸したがいずれもフランスの雑誌だ。女性誌のなかでも、ハイモードを扱う『ヴォーグ』や『ハーパーズ バザー』はアメリカ発のものであるから、一概に女性誌はフランスだけのものとは限らない。日本女性が洋服を生活着にするようになって以来、モードのお手本はパリにあったことから、フランス版と聞くだけで「おしゃれ」と結びついたのだろう。特にパリの女性は、高価な服を着ていなくても自分なりに工夫して自分らしくおしゃれを楽しんでいる。その「工夫」と「自分らしさ」というキーワードが日本の女性の心をつかんだのだ。

70年代初頭から、フランスのモード誌は日本に上陸し始め、日本女性が憧れたパリジェンヌのスタイルを次々に紹介した。

1.『エル』とは

1945年にフランスで創刊された週刊誌『エル』は、 ファッション、ビューティ、ヘルス、カルチャー、エンターテイメント、政治と幅広い話題と女性のためのライフスタイルをフランス特有の軽妙なタッチで描くファッション誌。創刊編集長のエレーヌ・ラザレフは、既成概念にとらわれず新しい世界を切り開く自由な発想を持つ女性像を描き出した。

日本では1976年に平凡出版（現マガジンハウス）とライセンス契約を結び、ライセンスマガジンの先がけとなる。1985年アメリカで創刊すると、アメリカに即したマーケティング戦略によりシェアを伸ばしていった。本家フランス版とは違うスタンスで、世界的に影響力のある月刊モード誌として認知され、現在アメリカではメディアコングロマリット、ハースト社より出版されている。なお、『エル』は2017年現在46エディション（国と地域）より発刊されている。
http://www.ellearoundtheworld.com

1. モード誌元年はこうして始まった

1969年、平凡出版社（現マガジンハウス）の岩堀喜之助社長（当時）は清水達雄専務を伴い、パリへ赴きフランスの女性週刊誌『エル』と提携契約を結んだ。日本にモードを定着させることに一役かった、ライセンスマガジンのスタートだった。ただ、『アンアン／エル・ジャポン』は、日本オリジナル編集と提携したフランス版『エル』のページをミックスした、変則的なモード誌で、1982年『アンアン』から独立して『エル・ジャポン』として同社から創刊されるまでこのスタイルは続いた。

芝崎文編集長、堀内誠一をアートディレクターに迎え『アンアン／エル・ジャポン』は創刊。創刊号は、金髪にボンネット（帽子）を被った外国人モデルの表紙を立木義浩が撮影。日本編集のファッションページでは金子功が特別にデザインした服を着た立川ユリがモデル兼メインキャラクターを務めた。最新のパリコレ情報は長沢節が解説、三島由紀夫のエッセイも掲載、フランス版『エル』の記事は一折16ページで構成されていた。

1970年3月創刊の『アンアン／エル・ジャポン』（平凡出版／現マガジンハウス）

『アンアン／エル・ジャポン』以前のファッション誌には、巻末に型紙を添付し洋服の作り方が掲載された、いわば実用的なものであった。ところが『アンアン／エル・ジャポン』は、最新モードの服のコーディネートを提案する、今では当たり前なことを初めてやった雑誌だったと、スタイリストとして活躍している原由美子は言う。慶応義塾大学のフランス語学科を卒業した原由美子は、『アンアン／エル・ジャポン』の創刊準備から、フランス版『エル』の記事を翻訳し16ページに落とし込む仕事を受けもったのがきっかけで雑誌の世界に入ることになった。フリーのスタイリストとして独立するまでは、この仕事を続けていた。パリのモード界はオートクチュールに代わりプレタポルテがトレンドを牽引するようになり、洋服は「作る」、から既成の服を「買う」時代へと変化しつつあった。型紙なしの『アンアン／エル・ジャポン』創刊は、モード界の変化をいち早く察知した編集者の鋭い臭覚がもたらしたものだったのだ。

創刊したころのファッションページは、金子功が作った一点ものの服を掲載したので価格の表記はなく、今のようにメーカーやブランドからサンプルを借りて、価格をクレジットするようになったのは50号目からだった。サンディカ（パリ・クチュール組合）の再編により、プレタポルテ組合が新設された1973

年に原由美子は、初めてパリコレを取材することになった。

「ケンゾーは証券取引所、ソニア・リキエルはグルネル通りのブティックと、思い思いの場所でショーを開いていた。ケンゾー以前は、モデルがナンバーカードをもち、粛々と歩くのがショーのやり方だったが、ケンゾーは一度にたくさんのモデルをランウェイへ送り出し、まるでお祭りのようだった。このやり方は、ジャンポール・ゴルチェに引き継がれたの。」

そのころコレクション取材をしていたのは、パリに支局をもつ文化出版や新聞社の記者で、日本から出かける者はほとんどおらず、むしろバイヤーが多かった。原由美子には、フランス版の『エル』チームに混じりElle Japon Yumiko Haraのカードが貼りつけられた席が用意された。「フランス版『エル』に掲載されている編集長や気にかかるページを担当するファッションエディターの席を見つけては、この人がページを作っているんだと思うと興味深かった」と当時を振り返った。誌面に掲載されているスタッフクレジットを見て、遠くでどんな人かと想像するだけだったが、クレジットに掲載された人が隣の席に座っていたことで、モードは手の届くところまできたことを実感したに違いない。

ファッション写真は、フランス版『エル』が使用した残りのポジがすべて日本に送られ、自由に使うことができた。初めてのライセンスマガジンの試みだったがゆえに、まだ2次使用のルールもできていなかったからだろう。フェティッシュな写真で世界的に有名なフォトグラファーになったヘルムート・ニュートンも実はフランス版『エル』のファッション写真を撮っていた時期もあり、彼の代表的な写真からは想像もつかないが、フランス版『エル』テイストの写真に仕上がっていた、と原は言う。

72年1月5日号『アンアン／エル・ジャポン』の『エル』大特集では、ヘルムート・ニュートン、ジル・ベンシモン（元フランス版『エル』インターナショナルのクリエイティブディレクター）の写真が、1ページに4カット、6カットと大胆にデザインされていた。これこそ、アートディレクター堀内誠一の為せる技だったのだ。当時、平凡出版社の編集者だった赤城洋一は、フランス版『エル』の編集者たちが『アンアン／エル・ジャポン』を見るのを楽しみにし、ページを開くうちに真剣な目に変わっていったのは、斬新なアートディレクションに目を奪われたからだろうと、著書に記している。

欧米のモード誌の編集者は、ほとんどが女性だ。実際に、ドレスを着て、ハイヒールを履き、ジュエリーを身につけた経験が、誌面作りに反映されるからだ。ところが日本初、女性のためのチャーミングなモード誌は、編集もデザインもスタッフのほとんどが男性だったことには驚くばかりだ。土佐日記を書いた紀貫之ではないが「男もすなる、日記といふものを、女もしてみむとて、するなり」といった心境だったのだろうか。

2. モード誌の変容

『アンアン／エル・ジャポン』は、1982年『アンアン』と『エル・ジャポン』に分離することになった。『アンアン』のコンセプトはパリ好き、モード好きのターゲットの女性から、もっと日本色を強く打ち出す女性誌に変化していった。一方10年の間に『エル・ジャポン』はしだいに知名度を上げ、フレンチスタイルのお手本雑誌というイメージが定着したこともあり、単独での刊行も可能との判断が下ったのだ。当時のおしゃれ好きな日本女性にとって、パリは相変わらず憧れの地だった。

平凡出版（現マガジンハウス）は、『アンアン』から独立した『エル・ジャポン』を隔週刊誌から月刊誌（のちに隔週刊誌へ戻る）とした。そして『エル・ジャポン』はベーシックなアイテムとトレンドアイテムの組み合わせや、トライブ、エスニック感覚を取り入れカルチャーミックスを得意とする小粋なパリジェンヌスタイルを印象づけていった。パリジェンヌのファッションばかりか、ライフスタイルに憧れる女性のファンを増やしていったのも、『エル・ジャポン』の功績といえる。

アメリカでは、1985年のアメリカ版『エル』創刊により、盤石とされていた既存のモード誌、『ヴォーグ』や『ハーパーズ バザー』を脅かすという異変が起きていた。アメリカ版『エル』創刊のきっかけは、1983年アメリカを代

1982年5月号『エルジャポン』（平凡出版／現マガジンハウス）として創刊

表する百貨店ブルーミングデールのマンハッタン店で開かれた「フランス・フェア」だった。そこで、フランス版『エル』の英語版を無料で配布し、一部を有料で売り出すと75％が消化された。さらにテスト的に売り出したアメリカ版『エル』はほぼ完売に近い数字を記録した。

アメリカ版『エル』は、平均年齢28歳、高学歴、高収入の、しかもヨーロッパ志向が強い女性をターゲットにしたことが的中し、新しい読者の開拓に成功、予想以上の部数売り上げを記録した。それは、アメリカのアパレル業界はじめ広告主に大きな魅力となり、後発にもかかわらず既存モード誌に迫る勢いだった。

フランスのアシェットフィリパッキメディア（以下、アシェット社とする）は、マガジンハウスに対して合弁会社設立を提案するが決裂した。そこで新しいパートナーとして、アメリカのタイム・ワーナー社を選び、タイムアシェットジャパンという合弁会社を設立した。こうして1989年7月に『エル・ジャポン』は装いも新たに2度目の創刊をした。

新生『エル・ジャポン』の布陣は、出石尚三編集長、アートディレクターは江並直美だ。これまでの日本の出版社と異なる新システムは、編集長と並列の関係にあるモード編集長の選任にあった。ヨーロッパのモード誌では、モードに特化した編集長を配置している。パリやミラノコレクションで、フロントローに座っているのはモード編集長で、以下、ファッションディレクター、ファッションエディターが後に続く。新システムの導入により『エル・ジャポン』のモード編集長には原由美子が選任された。

「マガジンハウスは、『エル・ジャポン』の代わりに『クリーク』というモード誌を創刊し、当時フリーでスタイリストをしていたカリーヌ・ロワトフェルドがスタイリングを担当したり、他誌も独自の誌面作りを確立していました。そうした理由でスタイリストとカメラマンはなるべく他誌で仕事をしていない人にお願いし、どこもほとんどやっていなかった“和”のアイテムを扱うページも作り、フランス雑誌の日本版のニュアンスを表現していました」と、原は当時の誌面作りを振り返った。

アシェット社は、アメリカ版『エル』の成功例をもとに、各国版『エル』をコントロールするようになった。日本の文字は読めないが、ヴィジュアルの統一を図るために、フランス版『エル』のアートディレクターが来日し、日本のアートディレクターとヴィジュアルの統一感についてミーティングを繰り返した。ただ、日本の縦組みの文字は、字組やフォント（当時編集部にはDTPのはしりともいえる、データ入稿が始まっていた）の問題があり、互いに理解しあうにはまだ困難な時代で、異国間の感性の隔たりは平行線をたどるばかりだった。多くの場合、本国のペースに合わせざるをえなくなるが、そのことで日本人には受け入れ難いものになる場合もあった。

アメリカ版『エル』の成功は、その後の雑誌作りに大きな変化をもたらしたと原は言う。質のいい情報を発信し、読者が興味をもつおもしろいページ作りをすれば発行部数が伸びるという編集主導の雑誌作りから、編集長には広告を取るための戦略を練るマネジメント能力が必要とされる新しい時代に移行していったのだ。

3．変化を恐れず前進する

1997年5月号『エル・ジャポン』の表紙には「エルがかわりました！」と、宣言する言葉が記されていた。雑誌を開くと、Dear Readers From Editorのページがあり、そこには「今日をいきいきと過ごし、明日を楽しく生きるために、ポジティブで自由な発想をし、人と人とのコミュニケーションを大切にする」そんな女性たちに必要な情報を、世界各地から、ヴィヴィッドな視点で編集すると、就任したばかりの森明子編集長は、まだ見ぬ読者に呼びかけた。

それまでの『エル・ジャポン』(タイムアシェットジャパン社になってから）は、良くも悪くもフランス版をお手本にしたフレンチテイストを前面に打ち出すことで、日本の読者に支持されてきた。ただ、本国のアシェット社では、1985年のアメリカ版『エル』の成功から進めてきた世界戦略の見直しが続き、『エル・ジャポン』もさらなる飛躍をねらう秘策を必要としていた。そこで、当時の石橋正代社長はじめ仏本社のエル・インターナショナルのディレクターが白羽の矢をたてたのが森明子だった。

「フランスのディレクターに、編集長には何を求めるかと率直に尋ねると、まずは1.ビジネスで成功すること、2.フランスの『エル』が日本版になるとこうなるという明確な形を示すこと、と言われました。それに対して、私が編集長になったら、これまでのやり方をまったく変えちゃいますよ！『エル』ではタブーとされたことをやると思います。『エル』を脱皮させる覚悟とその了解を取り付けて、編集長を引き受けることにしました」と森は言う。

創刊号には、大胆にもラグジュアリーブランドの双璧、Hermès vs. Chanelを、対比してブランドの違いを際立たせる特集を組み、活気を取り戻していたオートクチュールコレクションの速報を大きく取り上げ、「パリブランド・ガイドブック」を付録に付けた。

1997年5月号『エル・ジャポン』(アシェットフィリパッキジャパン)

このころ、ミラノのグッチではトム・フォードを迎え、デザイナー以上の権限を持ちブランドのイメージを決定付けるクリエイティヴディレクターというポジションを確立した。他のメゾンもこのシステムに同調してか、次々とデザイナーを交代させ、新時代の到来に備えた。

また、パリのモード界では、ディオールにはジョン・ガリアーノ、ジバンシィにはアレキサンダー・マックイーンがクリエイティヴディレクターとして就任し、ルイ・ヴィトンのプレタポルテのクリエイティヴディレクターに、ニューヨークコレクションで活躍していたマーク・ジェイコブスが抜擢された。

バレンシアガのクリエイティヴディレクターに就任したニコラ・ジェスキエールは若者にも人気を博し、モード界はダイナミックに動き、ブランドビジネスの新しい展開が始まっていた。モード誌として『エル・ジャポン』は、いち早くその熱気を伝えるために、パリのプレタポルテブランドからオートクチュールまで奥行きを持たせ、かつ情報量を増やし、日本のモード派からおしゃれ好きな一般的な女性までリーチする誌面作りが始まった。また雑誌の生命線ともいえる発行部数の確保と広告収入を意識したビジネスの両面をカバーする新生『エル・ジャポン』がスタートした。

4. 日本版スタイルの完成

とにかく、6ヵ月から1年で『エル』の輪郭を作り、結果を出そうと決意した森は、特集主義でいくことにした。これに対して、フランスのエル・インターナショナル部門が出した条件は、表紙には必ず女性が登場し、台割の流れを年間で変えないこと、『エル』のトーンやマナーが好きで買ってくれる読者を決して裏切らないことだった。

当時、フランス版『エル』がタブー視していた「特集主義」だが、やはり日本の読者に不可欠と判断した森は、モード誌が手がけなかった「犬特集」「NYガイド」「身体を意識したヒーリング」「エイジレスの女性たち」という、従来のモード誌とは一線を画した、女性の実用的なライフスタイルにフォーカスした特集を毎月矢継ぎ早に送り出した。それは、100年の歴史を誇る欧米のモード誌の作り方に日本独自の編集テクニックを加えて編み出し、以降編集長が交代してもこれが『エル・ジャポン』スタイルとなった。本の売れ行きもよく、それに伴いクライアント（広告出稿者）の信頼を勝ちえると、ライセンス契約を履行しフランス版『エル』の基準に従っているかどうかのチェックのために、パリから毎月訪れていた担当者の数も減っていった。森のリーダーシップは、フランス側にも認められていったのだ。

1周年記念号は、もう一度「パリ特集」になった。その年は「日本におけるフランス年」に当たり、大使館と手を組み、フランスブランド紹介の別冊付録を作り、フランス関係の企業にも配布した。ビジネス的にもいける！　と感じた森は、1周年記念号より、出版社にとってコストの問題をはらみ困難とされる上質な紙への変更に踏み切った。クライアントが出稿する広告は確実にきれいに見えるよう、PPをかけた表紙（光沢のある表紙）と、中ページの紙質を良くしたためヴィジュアルは格段に改善された。

当時森が作る『エル・ジャポン』の表紙には、何かしらの数字が記されているのが特徴だった。特集のページ数、掲載されているアイテムの総量、フィーチャーした人物の数などが並んだ。数字へのこだわりについて尋ねると、「日本語と欧文だけではデザイン的に変化に乏しくなるので数字を入れることで表紙のデザインがいきいきとします。数字はキャッチーだから、書店に雑誌が並んだときに目に飛び込んでくる可能性が高くなり、特集といって6ページや8ページじゃ、読者は満足しませんから、こんなにたくさんありますよ、と具体的に数字で示すことで説得力が増すのです」と答えた。

1999年5月号『エル・ジャポン』（アシェット婦人画報社）

1周年を迎え順風満帆に見えた『エル・ジャポン』に、1999年の『ヴォーグ ニッポン』創刊という嵐が襲った。嵐の第1弾は、スタッフの引き抜きに始まった。『エル』の編集者なら、モード界のすべてを知り、インターナショナル誌のノウハウがあるという理由から『ヴォーグ』が『エル』のスタッフを引き抜くのは世界的な傾向だった。当時の引き抜きについて、引き留める術もなく、手塩にかけた子どもが巣立つ姿を見送るような寂しさを感じたと森は胸の内を明かした。欧米のモード誌では、『ヴォーグ』による有名フォトグラファー、セレブ、モデルなどの囲い込みはもちろんのこと、クライアントへの攻勢が続くのも慣例となっている。

しかし、『エル・ジャポン』はラグジュアリーでファッションコンシャスな人にむけ、ニッチなマーケットをねらった『ヴォーグ ニッポン』と違い、もう少しアクセシブルなポジションを築いており、読者を食いあうほどの現象はおきず、広告への影響も最小限に食い止めることができたという。

その後、世界のマーケットを震撼させた、2008年9月のリーマンショックが訪れるまで、モード界はプチバブルの時代が続いていた。リーマンショックの余波を受けることなく、『エル・ジャポン』にとって、10周年300号を記念する2009年には、毎月が売り上げのピークを更新するという1年が続いた。それにつれて、広告出稿量も増えていった。新ミレニアム（千年紀）を迎えるにあたり老舗ブランドは、ブランド創業の理念を消費者に伝えるために、アーカイヴやヘリテージを用いて、次なる新世紀にむけたアクションをおこす必要性を感じていた。そのことが引き金となり、ブランドブック製作のオファーが相次ぎ、毎号別冊を付けることになった。本誌も530ページ超を記録し、電話帳のようにヴォリュームのある『エル・ジャポン』が書店に平積みされていた。

5. 25周年目の新基軸

ここで『エル・ジャポン』の変遷を整理しておくことにする。『エル・ジャポン』はマガジンハウスから離れた後、本社都合により版元が変わっていった。1989年タイムアシェットジャパンとなり、1994年にはアシェットフィリパッキジャパンとなった。1999年にはアシェットフィリパッキジャパンと婦人画報社が合併しアシェット婦人画報社に、2011年7月1日アシェット婦人画報社は、米ニューヨークに本社を置くハーストコーポレーション（2017年現在、社名はハースト）の傘下となりハースト婦人画報社と社名が変わっていった。

タイムアシェットジャパン以降『エル・ジャポン』は、出石尚三、南谷えり子、森明子が編集長を務め、2012年2月4代目となる編集長に塚本香が就任した。『エル・ジャポン』の誌面に編集長として名前が記されたのは、同年5月号（3月発売）となった。

15年におよぶ森編集長体制を概ね踏襲することにした塚本香編集長に、新『エル・ジャポン』の行方を尋ねると、『エル』は46エディションが世界中で愛されているファッション誌であり、日本でも成功してきたのでこれまでの根幹は大きく変えず、塚本が得意とするファッションのコンテンツを充実させることで、ボトムアップするのが役目である、と語った。

特集主義は継承しつつ、ファッションに特化した特集の回数を増やし内容を掘り下げる、クオリティの高い撮り下ろしモードページで独自性をアピールし、セレブファッションのページでは読者の興味を誘導する誌面作りにシフトしていった。

アメリカ版、イギリス版、フランス版『エル』からのリフト（流用）が多かったカバー（表紙）だが、クロエ・セヴィニの来日に合わせて東京で、また日本からニューヨークへファッションディレクターを派遣し、ミランダ・カーのカバーシューティング（表紙撮影）をおこなった。ミランダのカバーは、米ラグジュアリーブランドのデザイナー、マイケル・コース来日のタイミングに合わせて発表。ミランダとマイケルのコラボレーションイベントが、読者とマスコミを招待して盛大におこなわれた。

2013年10月号『エル・ジャポン』（アシェット婦人画報社／現ハースト婦人画報社）

「昨年、外国人モデルで撮った日本のカバーが、ウクライナ版『エル』にリフトされたんですよ」と塚本編集長の自信のほどが垣間見られた。

『エル・ジャポン』は、2015年に25周年を迎えた。周年の年にはどの雑誌も、読者を招待したパーティを開き祝うのが恒例となっている。フランス版『エル』は、女性を応援する雑誌としてスタートしたルーツがあるだけに、1年に1日だけという、働く女性を対象に、キャリアアップをサポートするセミナーや講演会などのイベントが開催されている。『エル・ジャポン』も読者への感謝を込めたパーティ開催はいうまでもなく、新年度から“エル・ウーマン・イン・ソサエティ”を催した。

25周年を記念して開催された“エル・ウーマン・イン・ソサエティ”は今後も継続し、読者とのコミュニケーションを図ることとなった。こうして日本版モード誌として最も歴史ある『エル・ジャポン』は、節目の年を迎え、次世代対応の媒体に生まれ変わろうとしている。

塚本編集長にモード誌の未来について聞くと、モード誌自体、作り方が大きく変わることはないと思うが、デジタルとの融合は進み、その表現方法を見いだすことで、新しい媒体の機能を備えるようになると思う、と答えた。2014年初頭にイギリス版『エル』のロレーン・キャンディ編集長は、誌面を刷新した。『エル』のウエル（美しいヴィジュアルで提案するモードページ）が変わったわけではなく、主に情報のページの手直しだったという。

例えば、雑誌のカバー（表紙）撮影は、webで撮影のメイキングを紹介し、カバーを飾ったセレブからのメッセージを視聴できる仕組みを、音楽ページは、紹介している曲のうち1曲だけ聞ける仕組みを構築した。メイクのページはwebとの相性がよく、雑誌では分割写真で表現していたことが、ムービーでは簡単に手順やポイントを流れのなかで紹介することができる。インスタグラムの活用は、写真をインスタグラム風に加工するだけではなく、誌面に掲載された写真が、そこでも見られる仕組みにし、誌面に掲載した写真以外も追加情報として補足されているという具合だ。

これまで紙媒体とwebは、記事作りにおいて連動というより流用する関係にあったが、今後は、1つのテーマを、スチールとムービーのチームがともに打ち合わせし、どうリンクしていくか考える時代がきていると、塚本編集長は力説した。

紙媒体は、デジタルに取って代わられるのではと危惧するのではなく、相変わらず美しいヴィジュアルを追求し表現する役割を持ち続け、そのコンテンツをタブレットやスマホなどのプラットフォームでどう見せていくのが有効か考えればいい。雑誌とwebの編集部がひとつになり、新しいチームの編成を考えていかなければならない時期になったようだ。

6. デジタル時代のモード誌

2015年4月、『エル・ジャポン』と『エル・オンライン』『エル・ガール』『エル・ガール・オンライン』4つの媒体の編集部がひとつとなり、坂井佳奈子編集長によるエル コンテンツ部がスタートした。

ハースト婦人画報社は、数年前からデジタルファーストの方針を打ち出し、その方向に大きく舵を切っている。そもそも出版社というのはプリントの編集者の集団が母体となっているが、デジタル化にむけて、デジタルネイティブな編集者、デジタルメディアに必要なさまざまなスキルをもった人材の採用を進めた。また、従来のプリント編集者にはデジタルスキルを身に付けさせ、全員がデジタル時代に対応できるようにトレーニングをおこなっている。組織面では、4媒体を統合したエル コンテンツ部への組織変革へと動いた。

坂井は、前職の『エル・ガール』編集長のときすでに、デジタルネイティブといわれる20代前半の読者によってデジタルの洗礼を受け、プリントとデジタルメディアを分けて管理するのではなく、同じ情報を共有する必要性を感じていた。そこでエル コンテンツ部の場合、『エル・ジャポン』『エル・オンライン』『エル・ガール』『エル・ガール・オンライン』の編集者たちを、媒体別ではなく、ファッション、ビューティ、カルチャーのジャンル毎にグループを分け、情報の共有と互いのページ作りが確認できる、無駄のない職場環境を構築した。

「『エル』というメディアを読者にどう届けていくかと考えたとき、雑誌だけでも web 版だけでもなく、e コマースやイベントなど、たくさんの読者との接点を通して、強力なコンテンツを発信するのが、この新組織の狙いなのです」と、坂井編集長は言う。

アメリカのハーストコーポレーションは、出版部門が衰退しないためにもデジタルの強化が必要と考えている。『エル』は現在、46 の国と地域で出版されており、それぞれの国の方針によって運営されている。

出版業界は全体的にダウントレンドといわれているが、ハースト婦人画報社は増収増益を続けている。その理由として、良質のコンテンツを、プリント、web、e コマース、イベントなど読者が求める形で今後も提供し、アメリカ同様、デジタルを強化することでプリントも生き残っていくという感触をつかんでいるからだ。デジタル広告は、大きく成長しているが、事業規模としてはまだプリントのほうが優っている。つまり、雑誌のクオリティを上げる努力をしている媒体へのブランド側の信頼は未だに強いといえるのだ。しかし、デジタルへの広告予算シフトは進んでおり、デジタルがプリントに優るときが訪れるのは、時間の問題かもしれない。

プリントとデジタルの違いについて、デジタルはリアルタイムが鉄則で、プリントはトレンドを分析した読み物として発信するといった具合に、同じ材料でも料理法が違うものだと坂井は分析する。『エル・ジャポン』は、記事のクオリティを上げることを目指す一方、雑誌にしかできない何かを見つけ出すのが急務とされている。

一方、『エル・オンライン』は、ハースト婦人画報社を代表するメガサイトだけに、『エル』の DNA を受け継ぎ、新しい時代へむけて進化させていくのが大きな仕事だ。ページビューだけではなくユニークユーザーの数字を伸ばすためには、充実した内容のサイトへ成長させる必要があるのだ。ハースト婦人画報社は、動画への取り組みを強化するために社内に動画専任チームを作り、エディターとディレクターを配置し、デジタルコンテンツの充実を図っている。
今後デジタルだけの展開になる『エル・ガール』は、海外留学の経験者や、国際感覚と自分の意見を持つ女子をメインターゲットにしていく。20代後半以上の女性をターゲットとした雑誌が多いハースト婦人画報社のなかで、『エル・ガール』は10代後半から20代前半のポテンシャルのある女性を集めるメディアと位置付けられているのだ。
坂井は、プリントとデジタルと将来の構想という三足のわらじを履いて大車輪の活躍を求められている。エル コンテンツ部が拡大していくと、デジタル部門のファッションやビューティやカルチャーなどのデスクは、これまでの編集長に近い役割を担うことになりそうだ。今後、編集部の形も変化し続けていくに違いない。
http://www.hearst.co.jp/brands/elle

2. 『マリ・クレール』とは

1982年7月創刊号の日本版『マリ・クレール』
（中央公論社／現中央公論新社）

1937年『マリ・クレール』は、週刊誌『パリ・マッチ』の創刊者であり、繊維業、毛織物業を営む実業家のジャン・プルヴォストによって、女性のためのライフスタイルをコンセプトに、週刊誌として創刊され、「女性のバイブル」として多くの愛読者を獲得した。1942年第2次世界大戦が勃発するとフランス政府は『マリ・クレール』を含む多くの雑誌の発刊を禁止したため休刊、戦後1954年に月刊誌として再発刊した。1976年には、ジャン・プルヴォストの娘エブリンがマリ・クレール アルバム社の発行人となり、ファッションやビューティはもとより、女性が抱えている仕事や家庭の問題を解決するコーナーを設け、その記事は評判となり部数を伸ばした。1982年中央公論社（現中央公論新社）と契約を結びライセンスマガジンがスタート。現在イタリア、アメリカをはじめとする26ヵ国で発刊されている。

http://www.hearst.com/magazines/marie-claire

1. 身近になったパリ

1982年5月、日本版『マリ・クレール』は、中央公論社（現中央公論新社）より創刊した。

中央公論社は、1917年に創刊した『婦人公論』より若いターゲットに向けた婦人誌の創刊を模索していた。当時の社長、嶋中鵬二の長男、嶋中行雄がパリ支局長のとき、フランスにも『婦人公論』とコンセプトが近い女性誌『マリ・クレール』があることに注目した。そして嶋中行雄、創刊編集長となる吉田好男、のちに『フィガロジャポン』の創刊編集長となる瀬古篤子の3名が、マリ・クレール アルバム社とのライセンス契約に臨んだ。

当時のフランス版『マリ・クレール』は、女性が抱える問題を解決する婦人誌の役割にプラスして、モードページで高い評価を得ていた。オールバックにタバコをくわえたスタイルが印象的なクロード・ブルエという、モードの編集長の貢献が大きかったといわれている。のちにブルエは、エルメスのモードディレクターとなった。

創刊号の表紙は、黄色のニットに、カノチエ（カンカン帽）を被った外国人モデルが飾った。雑誌の性格上、尖ったモード写真というより、親しみやすいパリジェンヌのイメージを前面に打ち出したのだ。

80年代初期のパリのモードは、ポストモダン期を迎え、70年代までの服に飽き足りなくなっていたジャーナリストやバイヤーの心を揺さぶる、あらゆるスタイルの服が登場しパリコレクションの活況はピークに達した。特に注目を浴びたのが、川久保玲のコム デ ギャルソン、山本耀司のワイズ、ニューヨークを経てパリデビューを果たしていた三宅一生を含めた3人の日本人デザイナーだった。ただ、日本人デザイナーたちが最初から受け入れられたわけではなかった。時を同じくデビューした、ロンドンのストリート感覚を取り入れたジャンポール・ゴルチェ、西洋ならではの構築的な服を提案するクロード・モンタナ、彗星のごとく登場しクチュール界を活気づけたクリスチャン・ラクロワなどなど、モード百花繚乱の時代が到来したのだ。

パリコレクションにデビューした当初、コム デ ギャルソンとワイズは、東洋の異物と捉えられていた。だが時代の変化に敏感な編集者やジャーナリストが、この異物こそこれまで西洋にはなかった美意識、モードの新しい価値観であると認めるには、それほど時間はかからなかった。

フランス版『マリ・クレール』のモード編集長のクロード・ブルエもそのひとりで、日本人デザイナーの服にいち早く興味を示し、積極的にファッションページで紹介した。日本人デザイナーのエスプリをファッションページにするにはフランス版『マリ・クレール』でスタイリストとして働き始めた山崎真子の存在が大きかった。筆者はパリコレ取材に出かける度に、フランス式ファッションページの作り方や、ブランドとの付き合い方を山崎に聞いては、日本のモード誌の環境が整うには、かなり時間がかかることを痛感した。

それは、例えば、春夏や秋冬シーズンが始まるとパリの『マリ・クレール』編集部には、ファッションページなどに使う、使わないにかかわらず新作の靴や小物が送られストックされる。ファッションのテーマによって服は借りてきて、ストックしてある靴と自由にコーディネートするという具合に、恵まれた環境で仕事ができた（これは1980年代の状況）。

当時、海外メディアのエディターとして、日本人が仕事をするなど夢のような話だった。ピエール・カルダンの専属モデルとしてパリへ渡った松本弘子が、フランス版『ヴォーグ』で日本企業とのパイプ役的な仕事をしていた以外、メディアの中枢で仕事をしていたのは、山崎真子だけだった。彼女の仕事ぶりは、のちに「マコの撮影日記」というタイトルで連載され、フランス版『マリ・クレール』のモードの感性を代表していた女流フォトグラファーのサシャ、駆け出しのころのピーター・リンドバーグやパウロ・ロベルシなど、今では大御所となったフォトグラファーのシューティングの模様が綴られた。80年代の半ば、欧米のモード誌に憧れる日本のエディターにとって、知ることができなかった撮影秘話に、好奇心が全開した者も多いはずだ。

2. 知性とモードの共存

中央公論社唯一の女性誌『婦人公論』は新しい時代を生きる女性に向けた雑誌で、グラビアページはモードの先端を伝える革新的なファッションページも存在していたが、文章中心の雑誌だったので、日本版『マリ・クレール』を出版するには、ファッション業界を熟知するプロフェッショナルが必要だった。

日本版『マリ・クレール』3代目の白井和彦編集長は、伊勢丹商品研究所を退社後メディアで活躍していた、気鋭のジャーナリスト故小指敦子にファッションの手ほどきを受けることにした。それに応えて小指敦子は、持ち前の機動力、洞察力でモード界の旬をキャッチし、日本ではまだ知名度が低かったジャンポール・ゴルチェのインタビュー、パリコレで存在感を示し始めた川久保玲や山本耀司のインタビューをおこない、他誌とは一線を画した視点で80年代モードをレポートした。

カール・ラガーフェルドが1983年にシャネルのデザイナーに就任し、日本での本格的な展開が始まると、小指敦子はいち早くココ・シャネル特集を企画しシャネルの真髄に迫った。もちろん、ファッションページは、カールによる最新版のシャネルスタイルだ。続く、クリスチャン・ディオール特集では、ディオールストーリーの目玉としてメゾンに残されていたムッシュ ディオール時代のドレスを撮影、フランス版『マリ・クレール』の山崎真子のスタイリングで現代風に甦らせた。

「ブランド好きの日本人」と揶揄されていた時代に、ブランドのアイデンティティと魅力の秘密を掘り下げた特集は、読者＝消費者を単なるブランド好きからブランドの良き理解者へと啓蒙する手引書の役割を果たした。さらに『エル・ジャポン』でモード編集長からフリーランスのファッションディレクター兼スタイリストとなった原由美子による、日本版『マリ・クレール』スタイルを提案するモードの連載ページがスタートした。仏版に劣ることのないモードページの盤石な体制が敷かれた。

当時を語るとき、忘れてはならない人がもうひとりいる。文芸誌『海』が廃刊となり、日本版『マリ・クレール』編集部にやってきた故安原顯だ。中央公論社を退社して、作家となった村松友視は、自著『ヤスケンの海』（幻冬舎刊）で安原顯について、

> とくに、『マリ・クレール』の書評欄は『海』の色に染まっており、それが強面ながら雑誌の芯となり、『マリ・クレール』に男性読者がつくという効果を生んだのは、ヤスケンの大手柄だった。こういう書評欄は、ヤスケン以外には発想できないし、作品といい筆者といい、ヤスケン以外には組めないラインナップだった。

と、独特の感性を持った安原顯について記している。

安原顯が企画編集した「特集・読書の快楽―ジャンル別ブックガイド・ベスト700」をはじめとする快楽シリーズ、「淀川長治、蓮見重彦、山田宏一による映画を語る世紀の大座談会」連載、吉本ばななの小説「TUGUMI」連載（単行本化されると200万部以上売り上げた）などの話題企画に吸い寄せられて、男性読者もためらうことなく、書店で女性モード誌日本版『マリ・クレール』を購入した。

当時の若い女性のなかには、男性目線を断ち切り、流行に振り回されず、自分表現のツールとしてファッションに興じ、難解な文章を読み解き知性を身にまとうことが、最もおしゃれであると確信する者がいた。こうして、世界に類を見ないエッジイなモード誌は、独自のスタイルで一時代を築いたのだ。雑誌には発行部数と実売部数が存在し、集広（広告を集めること）の際に用いられる公称部数というのが独り歩きするものだが、当時の日本版『マリ・クレール』は実売8万部を記録した。これは日本におけるモード誌の部数としては異例のできごとだった。

3. エコ・リュクスをまとったモード誌

版元の事情で、雑誌が休刊になったり、版元が変わることは時どきある話だが、日本版『マリ・クレール』に関しては、中央公論社（現中央公論新社）が読売新聞社の傘下になると、角川書店へ移り、2003年にはアシェット婦人画報社（現ハースト婦人画報社）へと移っていった。日本では人は会社につくといわれるが、伊田博光は広告営業として雑誌とともに、中央公論社→角川書店→アシェット婦人画報社→中央公論新社へと移った。日本版『マリ・クレール』の変遷を誰よりも知り尽くしている人物だ。

時代の風をつかむと雑誌にはパワーがみなぎり、勢いが出る。その手応えを感じたのは、アシェット婦人画報社で刊行されていた日本版『マリ・クレール』の2代目生駒芳子編集長のときだったと伊田は言う。

2005年2月、温室効果ガス排出量を削減しようという京都議定書の調印がおこなわれ、足並みが揃わないままでの調印に新聞やTVの報道番組が議論していたころ、ラグジュアリーブランドの、ルイ・ヴィトンが、すでにその問題に取り組んでいることを知った生駒は、2005年9月号で「エコ・リュクス物語 by ルイ・ヴィトン」の特集を組んだ。元アメリカ副大統領のアル・ゴアによるドキュメンタリー映画『不都合な真実』へ賛同した生駒のエコ意識は、ページに反映されていった。しかも、対極にあると思われていた、エコライフとラグジュアリーのライフスタイルを共存させる、「エコ・リュクス」こそ21世紀のおしゃれと位置付けたのだ。

2008年10月号『マリ・クレール』(アシェット婦人画報社/現ハースト婦人画報社)

2006年にはフランス版『マリ・クレール』は「ラ・ローズ・マリ・クレール」と名付けたキャンペーンを開始した。それは、バラを買うとその代金の半分が「すべての女の子が学校へ」という活動をする協会に寄付され、カンボジアに女子学校を設立したり、フランス国内の女子学生に向けて奨学金制度を発足させたりして、より多くの女子に教育の機会をもたらすものだ。2008年には、日本流にアレンジしたローズ・キャンペーンが日本版でも開始された。

生駒の軸足は、環境問題や人権問題に

あった。サステナブルな世界を目指し、古ぼけた価値観の服を脱ぎ捨てて、新しい服を着ておしゃれを楽しもうと提案したのだ。知性をまとうことがおしゃれだった80年代の日本版を彷彿とさせた。

「生駒編集長は、ある意味アーティストでした。先の時代を鋭く読み取り、前進させていこうとする姿勢に、ラグジュアリーブランドも知らず知らずのうちに巻き込まれていましたね」と伊田は懐かしんだ。

編集長の仕事は、力仕事だ。個性的な編集者を束ね、ブランドによって違う主張をするクライアントと正面から向き合い、独自の流儀を持ち、誰からも信頼されるために奔走する。その結果、読者に支持されたときの喜びは何ものにも代え難いものがあり、そのために日夜奮闘するものなのだ。

4. 新コンセプトでの復刊

書店から日本版『マリ・クレール』が姿を消すなど、誰もが想像だにしなかったが、2009年惜しまれながら27年の歴史を閉じることになった。

いったん休刊した雑誌の復刊には、確固としたモチベーションと成功の確信が必要だ。1982年中央公論社（現中央公論新社）より創刊したときには、雑誌とそのタイトルを冠したプロダクツのライセンス事業がセットになり展開されていた。ところが、雑誌の休刊後も年間200億円超といわれるライセンス事業だけが継続され、コスメやレザーグッズなどのマリ・クレールブランドの商品は販売されていた。

本国のマリ・クレール アルバム社は、日本からスタートし、2000年代初頭に世界35ヵ国で展開する、女性誌としては世界最大の発行部数を誇るライセンスマガジンが、日本で刊行されていない不自然さを解消する手だてはないかと、中央公論社最後の編集長だった、田居克人に連絡をしてきたという。

「最初にフランスからコンタクトがあったときは、モード誌の厳しさを知っているだけに、単に復刊すればいいとは思えませんでした。そこで編み出したのが、現在の形でした。」

現在の形とは、書店では販売せず、中央公論新社の母体である読売新聞に挟み込み、無料で配布するというスタイルだ。しかもあらゆるシミュレーションにより、43万部を刷り、富裕層が多く居住する東京の一部と地方都市の一部に配布し、ラグジュアリーブランドを中心とした広告を収入源とするというアイディアだった。このビジネスモデルを、田居がマリ・クレール アルバム社に提案したが、フランスの社長は躊躇し判断できず、創始者の現会長のモンモール女史に相談したところ「日本で復刊させるにはこの方法しかない」とのひとことで決まったと、田居は語った。

こうして、2012年7月『マリ・クレール スタイル』と新たなネーミングで、3年ぶりに復刊した。新聞に挟み込むには、タブロイド判で52ページがマックス。カバーインタビュー、商品を中心にしたコラム、ファッションページ、ビューティページと、少ないページに充実感を満載した。商品紹介は、webと連動してさらにバリエーションを見せていくフォーマットだ。webについては、AFP社と契約しているMODE PRESSと連動し、1日10〜15のトピックスをアップしている。

2012年創刊号『マリ・クレール スタイル』
(中央公論新社)

ただ、ラグジュアリーブランドの広告は、紙媒体のほうが圧倒的に有利であると田居は考えている。これについては、アメリカ版『ヴォーグ』の編集長アナ・ウィンターも同じで、クライアントがブランドのエモーションを伝えるためには、ブランドの背景にあるストーリーや、イメージ表現の妙を駆使して消費者に訴えかけることが必要であると考えている。ところがwebは情報の発信力はあるものの、紙媒体以上のヴィジュアルの追求がされていないのが弱点である。ウィンターは今後、動画によるイメージ表現が優位な時代がやってきたときに、webの真価が問われるだろうといささか冷ややかな見解だった。

『マリ・クレール スタイル』の存在は知っているが、読売新聞を定期購読していない人が、入手したいとの要望に応えて、東京の銀座線にあるキオスクで200円の定価をつけて販売をしている。だがこれはあくまでもトライアルで、このことが書店売りにつながるとは考えていないという。配布部数は現在の50万部から60万部に増やしていく予定だそうだ。年間16回発行しているものを20回（2016年には、『マリ・クレール オム』2017年には『マリ・クレール ウェディング』を発行など）に増やし、ビジネスを拡張させている。

編集者は、読者が必要とするテーマを探り、それがヒットすると永遠のマンネリといわれるほど、毎年同じテーマを、手を替え品を替えして焼き直してきた。つまり、鉱脈を掘り当てるのが編集長の仕事だった。今、編集長に求められるのは、ビジネスを成功に導くアイディアをいかに編み出すか、その能力をもっているかどうかが問われる時代になってきたようだ。

※この項は、新しいモード誌のあり方の項に入れるのが自然だが、『マリ・クレール』日本版の変遷に入れたほうがつながりが出るとの判断で、この項で扱うことにした。

http://www.afpbb.com/marieclairestylejp/

3. 『マダム フィガロ』とは

1826年創刊のフランスで最も古い新聞『ル フィガロ』の土曜版として『マダム フィガロ』は1980年に創刊した。創刊編集長のマリクレール・ポーウェルは、女性にとって欠かせないファッションやビューティはもちろんのこと、女性のキャリアや社会における女性の役割、そのために必要な政治や経済の話題を誌面に反映させた。『ル フィガロ』紙の元編集長を務め、フランス文壇でも活躍した父、ルイ・ポーウェル譲りのジャーナリスティックな視点は、当時の女性たちに支持された。

シンプルでエレガント、をキーワードにした知的な誌面作りが定評となり、創刊の翌年にはポーランド版が創刊、イギリス、日本、ギリシャ、トルコ、サウジアラビア、韓国、台湾、香港、中国と10の国と地域とライセンス契約を結んでいる。

http://madame.lefigaro.fr

1. パリの香りが漂うモード誌

フランスの新聞『ル フィガロ』は、1826年に発刊されたフランスで最も歴史のある日刊紙だ。その新聞を発行するフィガロ社は、1980年女性を対象としたフリーマガジン『マダム フィガロ』を創刊した。『マダム フィガロ』創刊から10周年の年に、『フィガロジャポン』がTBSブリタニカ社より、瀬古敦子編集長のもと創刊された。創刊号には、当時のフランス版『マダム フィガロ』のマリクレール・ポーウェル編集長の「『マダム フィガロ』は意思のあるところに道があるという格言のもと、ポジティブなイメージの雑誌であり、文章、写真、題材と何よりも質を重視する確かな価値のある雑誌である」とのメッセージと、見るからに意思ある知的なフランスの女性のポートレートが掲載されていた。

当時の世相を振り返ると、フランスでは1983年に「男女職業平等法」を制定、日本でも1986年「男女雇用機会均等法」が施行され、女性の社会進出が大きなテーマでもあった。ジョルジョ・アルマーニは、キャリアウーマンのためにスマートなソフトスーツを提案し、ダナ・キャランのパワースーツとともに絶大な指示を得ていた。『マダム フィガロ』も時代を象徴するオピニオンリーダーとなった女性へむけてライフスタイルを満載し新しい時代の女性像を描き出していた。

『フィガロジャポン』が創刊した1990年、当時の日本の女性にとってパリはまだまだ遠い憧れの地だった。創刊号では、『地球の歩き方』にはない、ページをめくる度にパリの香りが漂うガイドブックが別冊付録に付いていた。微に入り細をうがつ徹底的に取材したガイドブックの誕生は創刊当時から『フィガロジャポン』のDNAとなり、のちに「その地に暮らしている人たちもほしがる」と定評のガイドブックになっていった。

創刊から1年もすると『フィガロジャポン』が放つパリの香りは読者に浸透していった。名前が知られるようになると、次の段階へのステップアップ、スタイルの完成期に入っていった。

1991年10月号より、マガジンハウス出身の蝦名芳弘が総編集長に就任した。創刊以来表紙は欧米人モデルと決まっていたが、10月号の表紙は、男女の唇のアップの写真に「あの女（ひと）には勝ちたい。」という意味深長なコピーと「フィガロは変わります」というメッセージ

1990年5月創刊号『フィガロジャポン』
（TBSブリタニカ）

だけの大胆な作りに変わった。

2. パリジェンヌの日常を紹介

ライセンスマガジンの醍醐味は、本国が作った枠組みのなかでいかに日本の読者に支持されるコンテンツを編み出すかというところにある。

蝦名総編集長の最初の仕事は、表紙のイメージを変えるために、キャッチーなコピーを用いるという大なたを振るい『フィガロジャポン』を刷新することにあった。この大なたがその後の『フィガロジャポン』スタイルを決定付けることになったのだ。

1992年から1993年の表紙を見るとイメージ中心の写真とカタログ的な写真が内容によって使い分けられている。雑誌の顔といえる表紙が、2つのスタイルを持つ雑誌は世界中どこを探しても見当たらない。その大胆さが、かえって『フィガロジャポン』を印象付ける結果となったのだ。「まるく痩せる！」「美

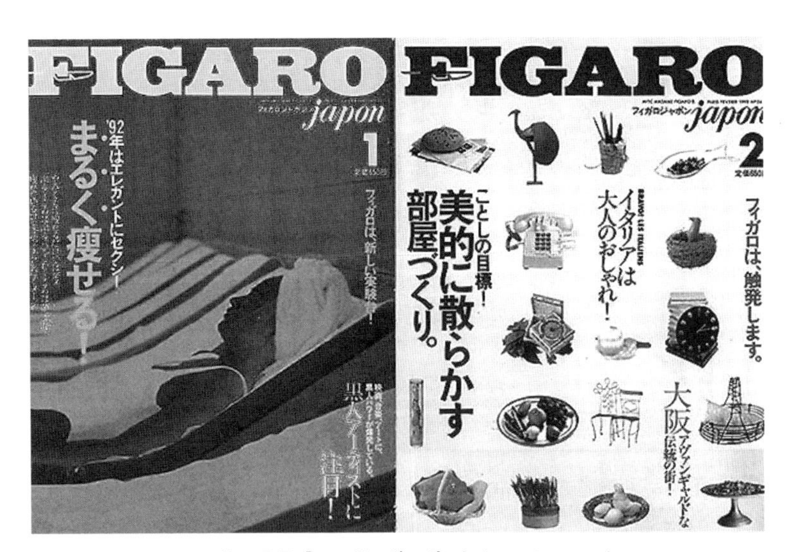

1992年1月号『フィガロジャポン』（TBSブリタニカ）

的に散らかす部屋づくり。」などの逆説のキャッチコピーは、書店に並んだとき、否が応でも目に飛び込んでくる。つかみはOK！　というところだ。2種類の表紙を「パリ」という大きな串で串刺しにし機能させたのが蝦名流となった。

『フィガロジャポン』のイメージが定着すると、1994年にはもうひとつの看板となる「新しい旅の提案」が始まり、年間12冊のうち8冊でパリ、ロンドン、ニューヨーク、スペイン、バリ島、イタリアを特集した。バブル崩壊から景気が回復し、消費者の意識がまた海外へと向かいつつある時期に向けたタイムリーな仕掛けだ。ただ、すでに何度か海外へ行ったことのある読者を楽しませるには、新しい切り口の旅行が必要で、なじみのない土地への誘いや2〜3度訪れた場所では目先を変えた過ごし方を提案した。編集者には第六感が必要といわれるが、風が吹き始める前に時代の風向きを読む力が雑誌の勢いにつながる時代だった。

そして変革の年となる1995年がやってきた。パリ在住のジャーナリスト村上香住子による「Le Journal in Time パリ毎日便」が1995年1月号（242回の連載は2005年9/20号まで続いた）からスタート。セレブとの交友関係、愛猫とのエピソードなどディープなパリ情報が1ページのコラムに綴られ、村上が日本に帰国するまで長年読者に愛され続けた。

さらに、1995年5月5日号より、毎月5日と20日発売の隔週刊誌となった。第3次ブランドブームの上昇気流に乗り、ブランド名が表紙に堂々と登場した。ブランド名は部数を左右すると判断されてのことだろう。

当時モード界では、デザイナー以上の権限を持つクリエイティヴ・ディレクターという新しいポジションについたトム・フォードの名前こそ伏せられていたが、60年代をイメージしたコレクションは「グッチ」がモードブランドへと変身をとげたと話題となり、結果モード界の活性化につながったのだ。

また、そのころはインターネットが一般に普及し始め、情報にスピードが求められるようになった時期でもあり、そのスピード感を雑誌に取り入れようと『フィガロジャポン』は隔週刊化に踏み切った。

3. 日本流モードの提案

創刊5周年を迎えた1995年5月号（3/20発売）で「ローマの休日旅行」の特集を組み、279ページ850円の定価を付けた。隔週刊となった5月5日（4/20発売）では、157ページ480円の定価とし、今までの読者に値ごろ感を与える企業努力の姿勢を示した。隔週刊化という荒業を乗り越えた『フィガロジャポン』は、スタイルの完成と安定期を迎えた。

1997年蝦名総編集長のもと長年編集長代理を務めた石川栄子が編集長に就任、極端なブランドブームが去った後は、モードに特化せず「おしゃれ」に装い、美味しいものを食し、ウイットに富んだインテリア、もちろん旅は人生のスパイスとでもいうかのように異国の文化を紹介する、ライフスタイル重視型の編集方針を打ち出した。

次なる進化（？）は、『フィガロジャポン』（他に『ニューズウィーク日本版』『Pen』など）を出版するTBSブリタニカと阪急電鉄創遊事業本部コミュニケーション事業部が事業統合した阪急コミュニケーションズが版元になったことだ。

TBSブリタニカ当時のオフィスはそのまま使用、スタッフもほぼそのまま、会社名が変わっただけのマイナーチェンジだった。モード誌は版元が変わることはよくある話で、その度に経営方針が変わり、スタッフも一掃される。ところが、阪急コミュニケーションズはそうすることなく『フィガロジャポン』が培ってきたスタイルをすべて受け入れたのだ。この措置には新しくやって来た発行人、編集人の『フィガロジャポン』に対するリスペクトの念が感じられた。

雑誌がスタイルをもち継続していくためには、時代にあった編集方針を打ち出していく必要がある。モードの世界でもクリスチャン・ディオール亡き後、イヴ・サンローラン、マルク・ボアン、ジャンフランコ・フェレ、ジョン・ガリアーノ、ラフ・シモンズと5人のデザイナーがメゾンを引き継ぎ、ブランドを輝かせている。編集長も同じような役割を担っているのだ（2015年取材）。

『フィガロジャポン』の創刊のころからスタッフの一員だった塚本香が、ヴォーグのモードディレクターを退任し、2004年12月5日号から編集長として古巣に戻って来た。特集は「モードな前髪に変えよう」だ。ヘアスタイリストから「前髪を作る」というフレーズをよく聞くことがある。前髪は作りによって表情を変え、その人の人格を表すといわれる。前髪を切り口にファッション、コレクションスナップ、メイクとの関係、セレブの前髪、広告写真にまで言及した。それまでの『フィガロジャポン』とは違うテーマへのアプローチが、塚本流を感じさせた。基本的なアウトラインは変えずに、特集テーマの選び方やモードの視点に独自性を感じさせた。ライフスタイル中心から最もモード寄りになった時期ではないかと思う。

2003年12月5日号『フィガロジャポン』
（阪急コミュニケーションズ／現CCCメディアハウス）

また、きものは日本独自のモードだと言わんばかりに、2005年12月5日号で、スタイリストの原由美子監修のもと初心者にもわかるような「私たちのきもの事情」と題したきもの特集が組まれた。日本のきもの文化は海外のモードに引けを取らないことを若い読者にも知ってほしいという意図がうかがえた。以後、きものは『フィガロジャポン』の定番となり、京都や金沢特集では日本人トップモデルがきもの姿でナビゲートし、日本の文化の奥深さを伝えようとしている。きもの企画は原由美子によりコラム（http://column.madamefigaro.jp/fashion/series/archive/kimono/）でも展開されている。

4. 初心に帰って月刊誌化へ

2008年のリーマンショックは、世界中の経済を冷え込ませた。その影響はモード誌にも確実におよび、広告の出稿を控えるブランドが相次ぎ、出版界全体で存続の危機を迎えるのではないかと噂された。しかも、インターネット業界の攻勢に、紙媒体の必要性の有無も取りざたされるようになった。

そういった時世のなか『フィガロジャポン』も時代に即した刷新をおこなうことになった。海外のモード誌でも繰り返されてきた編集長交代による刷新だ。

2009年12月5日号より、現在の西村緑編集長へバトンが渡された。2006年『フィガロジャポン』にweb版 http://madamefigaro.jp をスタートさせた。どこの出版社も手探りで始めたweb版と紙媒体との用途を明確にする時期に、西村は編集長に就任した。

西村の最初のミッションは紙媒体の役割について再考することだった。再考にあたり、情報のスピード感に着目した。1995年時点では、情報のスピード感が重要となり、月刊誌を隔週刊化した。ところが今では情報の速さを求めるならスマホのサクサク感に優るものはない。紙媒体に求められるのはスピードよりクオリティの時代になってきたと西村は考える。紙媒体は紙ならではのサイクルがあり『フィガロジャポン』20周年を機に、2010年6月号から月刊化に踏み切った。

2009年12月5日号『フィガロジャポン』（阪急コミュニケーションズ）

雑誌のスタンスとしては、1週間で消えていく雑誌ではなく、保存版として扱われるものにしたいというのが西村の考えだ。現に書店によっては『フィガロジャポン』のバックナンバーコーナーがあり、消費者に重宝がられているという。モードから広がるカルチャーや旅といったジャンルミックスを得意とした、どっしりした雑誌作りを目指している。雑誌と真摯にむき合い、読者にとって「何が必要」で「何が有用」なのかを見極め、クオリティの高い記事を自信を持って読者にお勧めできる雑誌を作れるかどうかは、編集長の腕しだいといえるだろう。

この取材を申し込む直前に、『フィガロジャポン』『Pen』『ニューズウィーク日本版』および書籍部門は、カルチャー・コンビニエンス・クラブ株式会社を株主とする株式会社CCCメディアハウスと社名を変更した。3度目の新会社でも会社の所在地もスタッフも変わりなく、今まで通りに運営されている。『エル・ジャポン』『マリ・クレール スタイル』しかり、出版社が変わりながらも継続される理由は、世界的に知名度があり、ビジネス面の可能性もあるものだからに違いない。

5. 25周年は「私のパリ」が合言葉

2015年『フィガロジャポン』は25周年を迎えた。前年から周年企画を打ち出している。25周年になすべきことを西村編集長に尋ねると、まず原点を見直すこと、という言葉が返ってきた。それには創刊当初から『フィガロジャポン』のページにそっと忍ばせている「私、心はパリ生まれ！」という感覚を、読者と共有していくことだという。キーワードは「パリジェンヌ気取り」「パリかぶれ」「（綺麗なもの、美味しいもの大好きな）パリのオプティミスト」。これらの言葉は、何割かの日本女性の心に確実に響くと西村は信じている。

そして25周年記念企画のテーマはずばり「パリ」。パリにまつわるエトセトラというわけだ。最初に西村がひらめいたのは、山内マリコの小説『ここは退屈迎えに来て』だったという。地方でくすぶっているマインドがヤンキーな女子のストーリーを「パリ」に置き換えて、年齢も職業も違うパリに行ったことのない女性たちが「パリ」について語る「パリ行ったことないの」という連載をスタートさせた。（この連載はすでに書籍化されてCCCメディアハウスから出版されている）。

もうひとつの企画は「私のパリ」をイメージして『フィガロジャポン』のInstagramサイトに投稿を呼びかけるものだった。告知するとたくさんの応募があったという。口には出さなくても、ひとりにひとつの「パリ」のイメージが存在していることがわかった。

「フィガロが創刊したころのパリはまだまだ遠く、東京でパリを感じたいなら広尾にあったフォブ・コープという雑貨屋に行きラヂュレックスのグラスを買うだけでパリ気分になったものです。パリにでも行こうものなら、キャンディの包み紙から花屋が包んでくれた新聞紙まで持ち帰っては自慢話に花を咲かせたものです」と、西村自身の体験でもあるかのような発言だ。若い女性たちは海外に憧れることもなく、インターネットのバーチャルな世界で、すべてが手に入る時代になった。情報だけなら何もかも知り尽くしていたり、妄想だけでパリを何度も訪れたり、そんな女性たちにも、パリを実感してほしいと思うのは、筆者も同じ意見だ。

西村が言う「パリ」とは、もしかしたら女性の心にある「憧れ」や「キラキラとした乙女心」を指しているのではないかと感じることが多々あった。それに近い感覚は「モード」という言葉の響きのなかにも潜んでいる。だから「モード」もやめられない、のかもしれない。

http://madamefigaro.jp

第2部

世界のハイエンドモード誌

現代のモード誌の原型ともいわれている、ファッションプレートを集めた『ギャルリー・デ・モード』(1785〜1787年)や『ジュールナル・デ・ダム・エ・デ・モード』(1797〜1839年)などのモード誌がパリで発刊され、当時は宮廷貴族や限られた裕福な人々だけにしか届いていなかった。ところが18世紀末の産業革命は、織物業、縫製技術、印刷機の進歩を促し、ファッションもファッション誌も入手可能となり大衆化が始まり、庶民もおしゃれができるようになった。19世紀の後半までは、最新モードを身に付けるのは貴族や富裕層の特権的な楽しみであった。

ただ第1部で扱ったモード誌は、いずれも数十年後には休刊を余儀なくされ、現存するのはアメリカ発刊の『ハーパーズ バザー』(1867年創刊)と『ヴォーグ』(1892年創刊)のみとなった。創刊当時は2誌とも、ファッション情報の週刊誌であったが、時代が進むにつれて現在の高級なモード誌のスタイルが完成した。いずれも、パリの最新モードに憧れるファッションコンシャスなアメリカの女性に向けたものであった。その後、『ヴォーグ』は1916年イギリス版、1920年フランス版を相次いで創刊し、グローバルに認知度を上げていったのである。オートクチュールコレクションを中心に構成したハイエンドなモード誌『ロフィシャル』は、1921年に小説家のコレットの協力を得て創刊した。

高級モード誌とは、オートクチュールやプレタポルテのハイエンドなモードを着こなす女性のライフスタイルを提案する役目を担っている。一流のフォトグラファーによるアーティスティックなファッションフォトや最新モードやアート、エンターテイメントの上質のテキスト、今を時めく人のインタビューを掲載する、上質な暮らしを提案する雑誌が誕生し、『ヴォーグ』、『ハーパーズ バザー』、『ロフィシャル』は今もなお女性たちにモードの素晴らしさを伝えている。

4.『ヴォーグ』とは

『ヴォーグ』（『VOGUE』）は、1892年社交界の人々にむけた週刊情報誌としてアーサー・ボールドウィン・ターナーによってアメリカで創刊された。その後1909年にコンデナスト社に買収され月2回刊となり、高級モード誌へと変化していった。1916年イギリス版の創刊以来、フランス版、イタリア版と、モード誌のグローバル化が始まった。

3代目編集長のエドナー・ウールマン・チェイス時代には、アートディレクターのアレックス・リバーマンによってエレガントなヴォーグらしいスタイルを確立した。さらに60年代の5代目ダイアナ・ヴリーランドは芸術性を高めたことで有名な編集長だ。7代目編集長となる現在のアナ・ウィンターは、ファッションビジネスのセンスが抜群で、世界で最も影響力のある編集長といわれている。

2000年以降は紙媒体は存続させるも、デジタル化に力を入れ、VOGUEサイト、SNSに力を入れ、バックナンバーのデジタルアーカイヴ化など、時代の変化にいち早く対応し、世界22の国と地域で出版されている。

http://www.condenast.com/brands/vogue

1. 満を持して『ヴォーグ』上陸

1996年の末、ファッション、出版、広告業界の間で、『ヴォーグ』がいよいよ日本に上陸するとの噂が流れた。アメリカを本拠地とするコンデナスト社の雑誌では、1993年に『GQ』（メンズ誌）が中央公論社（現中央公論新社）より創刊されていたにもかかわらず、コンデナスト社で最もネームバリューのある『ヴォーグ』日本版がないのは、契約金が高すぎるからなどと噂ばかりが先行していた。アジア地区では、すでに韓国版、台湾版が1996年に創刊していたから、なおさらのことだった。

1997年5月13日、米国のコンデナスト社と日本経済新聞社は、合弁会社「日経コンデナスト」を設立したとのニュースをリリースした。この2社の提携をコーディネートしたのは、フランス人のフランソワーズ・モレシャンだった。コンデナスト社が、日経新聞社をパートナーに選んだ理由のひとつは、新聞の販売ルートを通じて固定読者を確保できることだった。つまり、日本の雑誌は書店販売が中心だが、欧米では定期購読が多いので、日本の新聞の宅配＝定期購読システムが、欧米の出版社にとって部数確保につながるひとつの安心材料だったのだ。

タイトルは『ヴォーグ ニッポン』と発表された。通常なら『ヴォーグ ジャパン』とするところを、あえてニッポンと表記することで、これまでのライセンスマガジンとは一線を画し、合弁会社の強みを生かして世界にインパクトを与える効果をねらってのことだった。

リリースによると、『ヴォーグ ニッポン』の創刊は1998年2月を予定。発行部数は15万〜20万部。定価780円。編集方針は、年齢を問わず美しくなりたいと願う女性のためのハイクオリティな総合女性誌と設定されていた。編集長は日本人のなかから選考する、美しいヴィジュアルを再現できるADは正社員として登用する、などの覚え書きもあった。海外版の『ヴォーグ』の場合、編集長は国境を越え活躍するエディターから選ばれることがよくある。なかでも『エル』や『ハーパーズ バザー』などで名を馳せたエディターが有力視され、現在アメリカ

1998年『ヴォーグ・ニッポン』創刊準備号
（日経コンデナスト／現コンデナスト・ジャパン）

版『ヴォーグ』の編集長、アナ・ウィンターは、イギリス国籍で、『ハーパーズ バザー』のエディターも経験している。そこで、あえて日本人にこだわった理由は、西洋と東洋の文化の違いは否めなかったからであり、日本人の感性をよく知り、出版事情にも詳しく、微妙なニュアンスを理解しながら舵取りやさじ加減ができる有能な人物でなければならなかったからだ。

また欧米のAD（アートディレクター）は、編集長と同等の発言権を持っている。それに比べると日本では編集長の意見が最優先され、ADは編集長の意見を聞いたうえで、編集内容に則したデザインに仕上げるのが通常だ。『ヴォーグ ニッポン』では、コンデナスト・インターナショナルが送り込んだADを中心に、日本で召集されたデザイナーでチームを結成するという、従来の日本の編集部体制とは違う欧米スタイルの編集システムが強く打ち出された。

リリースが出されてから『ヴォーグ ニッポン』の創刊を誰もが待ち望んでいた。ところが、創刊予定の1998年2月になっても刊行の気配はなく、テストシューティングばかり繰り返している、テストシューティングなのに海外撮影に出かけた、創刊を前にすでに数億の経費を使っているなど、噂が聞こえてくるばかりで実態はベールに包まれていた。

2. ベールを脱いだ「ヴォーグ コード」

プレス発表から2年2ヵ月を経て1999年7月28日『ヴォーグ ニッポン』は創刊した。表紙は、ケイト・モスと日本人モデル、ミキのモノクロの写真（クレッグ・マクディーン撮影）にショッキングピンクで『VOGUE』のタイトルがのせられていた。モード誌にかかわるものにとって、いよいよ新しい扉が開かれるのだという期待感でいっぱいの瞬間だった。表紙をめくると現れる、エスティ ローダの片観音開きのマルチ広告は、創刊をお祝いするメッセージ付きの特別バージョンだった。

欧米のモード誌ではおなじみのエディターズレターでは、世界の境界線が薄れボーダレスになっていく時代に『ヴォーグ ニッポン』は世界と日本とをつなぐ架け橋となると、創刊編集長の十河ひろ美（2016年現在ハースト婦人画報社のコンテンツ本部　ラグジュアリーメディア グループの編集局長兼『25ans』総編集長兼『Richesse』編集長を務める。）は宣言した。欧米なら巻頭に配置されているスタッフリストは、ここでは奥付と呼ばれる日本のしきたりに則り巻末にあり、そこでは日本人スタッフに混じり、外国人スタッフの名前が連なっていた。

1999年9月号『ヴォーグ ニッポン』創刊号
（日経コンデナスト／現コンデナスト・ジャパン）

ヴィジュアルばかりか、編集内容にまで発言権をもつクリエイティブディレクターには、スペイン版『ヴォーグ』より異動してきたデビー・スミスと、コンデナスト・インターナショナル（『ヴォーグ ニッポン』はこの傘下にある）の会長ジョナサン・ニューハウスの懐刀として、送り込まれたインターナショナル・ファッション・ディレクターのジーン・クレール、海外のフォトグラファーやスタイリストをブッキングするアンディー・ウェランといった、かつて見たことのない多国籍スタッフの布陣は話題となった。さらに会長、社長をはじめ、新しいポジションのスタッフを含む、49名の名前がスタッフリストに連なり、驚きさえ感じた。このスタッフリストの影響か、会議はすべて英語でおこなわれているとの噂が立ったが、実際は英語を交えた会議というのが正しかったようだ。ただ、英語は必須であった。

『デザインの現場』（美術出版刊）1999年6月号では、フォトディレクションの特集を組み、創刊を1ヵ月後に控えた『ヴォーグ』のクリエイティブ面についてインタビューしている。十河編集長はそのなか「『ヴォーグ ニッポン』はスタイルを示すことが大切で、そのスタイルというのは表面的なものではなく、服やメイクは女性の内面を表現するためにあり、その女性像を敏感に感じ取るフォトグラファーによって完成する。それぞれのジャンルのクリエイターの創造性に負うところが大きい」と語っている。

また、クリエイティヴディレクターのデビー・スミスは、『ヴォーグ』の女性像について、年齢に関係なく『ヴォーグ』の精神を共有し、気が強く、アグレッシブでありながら色気もある女性と表現している。さらにフォトディレクションは化学実験だといい、写真家とスタイリストとの組み合わせしだいで思いがけない化学反応がおこり素晴らしい作品になると語っている。彼女が言う写真家とはイギリス版やイタリア版やフランス版の『ヴォーグ』で活躍しているほんの数十人のフォトグラファーやスタイリストを指しているのだ。アメリカ版『ヴォーグ』はさらに別格で、契約により他の『ヴォーグ』でさえ仕事はしない決まりになっている場合もある。

デビー・スミスのディレクションにより、創刊号はクレッグ・マクディーンが表紙を撮り、その号のコアになるウエル（撮りおろしのファッションストーリーが並ぶページで、『ヴォーグ』で最も重要とされるパート）と呼ばれるページはフランス版『ヴォーグ』で活躍中の七種諭、パオロ・ロベルシ、荒木経惟という、世界で活躍するフォトグラファーのラインナップだった。日本人フォトグラファーに対する印象は「技術もあり何でもこなせる器用さはあるが、スタイルを持っているのは荒木経惟や HIROMIX など、ごく一部だけ」とデビー・スミスは『デザインの現場』のインタビューに答えている。彼女の言葉は、世界を目指す日本人の若手フォトグラファーを大いに刺激するとともにレベルアップに貢献した。

3. 揺るぎない「ヴォーグ コード」

「すべては、“VOGUE is VOGUE” という言葉に集約されています。日経コンデナスト設立当初から、他社の雑誌と比較するのではなく独自の道をいくという、ヴォーグ コードが存在しています」。それは各国ヴォーグの共通認識であり、確固としたプライドでもあると、日経コンデナスト社設立スタッフとなる3番目の社員、現在コンデナスト・ジャパン社の北田淳社長はいう。創刊までに2年を費やしたのは“VOGUE is VOGUE”をベースにした日本版メソッドを完成させるためだった。

他社のやり方と大きく違ったことは、ニューヨーク、ミラノ、パリコレクションをくまなく取材することが大前提だということだ。「ヴォーグ」以前は、新聞系は記者1名が取材にあたり、モード誌でさえ編集長とファッションディレクターの2名体制、編集部から1名が代表取材したり、現地のコレスポンデントに任せる編集部もあった。その他はフリーのジャーナリストやスタイリストが個別に取材に出かけていた。ところが、ヴォーグ編集部は、編集長はじめ6〜7名の編集部員が現地に赴く。1誌で他社の3〜4倍のショーチケットをリクエストし、ブランドのPR担当者はシーティング（席の確保）に頭を悩ませることになった。

『ヴォーグ』の編集部員が現地へ大挙するのはそれなりの理由があった。コレクションには各国ヴォーグのエディターが集まり、フォトグラファー、スタイリスト、ヘア＆メイク、モデルなどに関する情報交換がおこなわれる。一部のフォトグラファーは、新しいコレクションのムードを捉えるためにショー会場に足を運ぶ。コレクションが終了すると、現地で編集会議が開かれ半期分のファッションテーマの作成と、スタッフィングにかかる。コレクションのなかのキールックは、プライオリティNo.1としてキープ（貸し出しの予約）し、撮影の準備が始まる。どこよりも早くモードを美しいヴィジュアルで読者に提案し時代の空気を伝える、それがヴォーグの生命線である。

アメリカ版『ヴォーグ』の編集長アナ・ウィンターをモデルにしたといわれる、映画『プラダを着た悪魔』（2006年米）では、多少オーバーな表現だとしても、「ヴォーグ」の特徴がよく表現されていた。例えば、編集部員のルックスの問題やフォトグラファーの囲い込み、しかも同じテーマを複数のフォトグラファーに与えて競わせ、採用されたもの以外はキル（ボツ）する様子が描かれている。また編集長や主要な編集スタッフは、フロントロー（ショーの最前列席）以外座ってはならない、などの細かいルールも実際と同じである。その後、

2001年9月号『ヴォーグ ニッポン』（コンデナスト・ジャパン）

2009年にはアナ・ウィンターに密着したドキュメント映画『The September Issue ― ファッションが教えてくれること』も公開された。そのなかで、編集部の内部や編集会議やランスルーと呼ばれるファッションチェックなどがよりリアルに描かれていた。

さらに、業界を驚かせたのが広告料金だ。ヴォーグの場合、他誌の1.5〜2倍の料金で、一切値引きをしないというのだ。その条件をクリアーするのはいったいどのブランドか、他誌の広告担当者は戦々恐々としていた。シャネルは、新創刊誌の場合、編集方針が安定するのを見極めるため1年間出稿を控えるのがルールとなっているが『ヴォーグ ニッポン』の創刊号には、異例中の異例でウォッチ&ジュエリー部門の広告が入っていた。

『ヴォーグ ニッポン』は、日本におけるモード誌のあり方を、根底から覆したのだ。編集長は、いい雑誌を作るのは当たり前であり、プラス営業センスが必要とされるようになった。ミラノ、パリコレクションへ出張する目的のひとつは、本社CEOと仲良く会食をし、次のシーズンの出稿プランやイベント予定をいち早く知るためでもあり、コレクション期間中は、各誌で激しい情報戦が繰り広げられるのだ。ショーが終わるとバックステージに駆け込み、成功のお祝いを言いながら編集長とデザイナーがハグする光景も目にするようになった。どれも『ヴォーグ ニッポン』以前にはなかった。

4. 強いリーダーによる変革

創刊当初は、グローバルに通用するフィロソフィーの“VOGUE is VOGUE”

を日本人スタッフに浸透させるために海外から何人もの優秀なスタッフが送り込まれ、外国人と日本人の混合チームによる立ち上げは成功した。「ヴォーグの概念」を編集部員に植え付け、雑誌の作り方などの目標がクリアーされていくと、徐々に外国人主導から、日本人主導へとシフトする気運が高まっていった。最初のアクションは、ファッションディレクターの交代だ。イギリス人のキム・ストリンガーが本人都合で退社することになり、国内外で候補者の選考がおこなわれた結果、日本のマーケットをよく知る塚本香（2017年現在ハースト婦人画報社の『ハーパーズ バザー』編集長。）が、ファッションディレクターに就任した。

そして創刊3年目を迎えるころ、次は日本人による、日本人のための『ヴォーグ ニッポン』を打ち出せる、強いリーダーへバトンタッチすることが望まれるようになった。

マガジンハウスで『ブルータス』『カーサ ブルータス』の編集長を兼任し、出版界とマーケットに大きな影響力がある斎藤和弘が、2001年日経コンデナストの社長に選任された。メディア側からファッション界に、新ビジネスを提案、展開できる人材であることが、選任の最大のポイントだったという。斎藤は、『ヴォーグ ニッポン』の編集長を兼務することを望み、その任についた。その1年後の2002年1月、日経新聞社の撤退により、日経コンデナストはコンデナスト・パブリケーションズ・ジャパン（現在は合同会社コンデナスト・ジャパン）と社名を変更した。

日本人へダイレクトに届く雑誌作りがスタートすると、斎藤はスタッフの刷新に着手した。『ヴォーグ ニッポン』のローンチ以来“VOGUE is VOGUE”の教育係として大役を果たしたクリエイティブディレクターのデビー・スミスをイギリスにあるコンデナスト・インターナショナルへ戻し、彼女が率いたデザインチームは解体された。さらに、斎藤は、社長、編集者としても采配を振るようになり、『ヴォーグ』の歴史のなかでも珍しい男性編集長に着任した。ADは、平凡社時代から付き合いがあったCAPの藤本やすしに任せ、デザインチームは再編成された。

斎藤が編集長時代に彼をサポートし続けたのが現『ヴォーグ ジャパン』の渡辺三津子編集長だ。当時はファッションフィーチャーディレクターとして、モードの読み物の責任者だった渡辺に、斎藤は、『ヴォーグ』を毎号驚きのある雑誌にすること、特に表紙には何よりもメッセージ性のある強いコピーを求めたという。

リニューアルのねらいは、日本発のオリジナルコンセプトによるインパクトを『ヴォーグ ニッポン』に出すことで、ファッション業界と読者に強い刺激を与え、『ヴォーグ ニッポン』の存在を知らせることが優先された。知名度が上がれば部数は自然と伸びてくるという斎藤の経験値に基づくドラスティックな改革だった。改革は広告主に注目され、創刊当初は様子を見ていたクライアントも、3年目には『ヴォーグ ニッポン』への信頼は増し、クライアントの評価が高まると同時に広告も急増した。

表参道を大人の街にする都市計画の一環で、シャネル、ルイ・ヴィトン、クリスチャン・ディオール、プラダと、ラグジュアリーブランドのメガストアが、次々に建設されていった。2000年ころにはITバブルが始まり、世間では90年代のバブルを思わせる、狂乱の時を迎えていた。

5. 立ちはだかる困難を乗り越えて

『ヴォーグ ニッポン』が軌道にのると、渡辺三津子は、編集長代理から編集長となり、ウエブサイトの編集長も兼務し、デジタル時代に備えた。斎藤は、『ヴォーグ ニッポン』を渡辺に任せ、社長職と2003年に立ち上げたメンズ誌『GQ JAPAN』の編集長に専念した。

渡辺が編集長に就任したのは、リーマンショックの5日前、2008年9月8日のことだった。リーマンショックは、世界中の経済を冷え込ませたが、それに伴いモード誌を取り囲む環境も一変した。新任編集長としての新しい基軸を打ち出すこともなく渡辺にとってはマイナスからのスタートとなった。

だが、そういう時代なのだから仕方がないと渡辺は達観したという。この時期、何ができるか考えた末、最初にやったことは、誌面を詳細に見せ情報量を増やす、テーマによっては深堀りし、丁寧な誌面作りに徹することにした。時代の変わり目に、ヴォーグがどうあるべきか、読者に長く愛される雑誌作りとはと、立ち止まって考えるにはいい機会だった。

現在の『ヴォーグ ジャパン』は、2011年3月28日より『ヴォーグ ニッポン』から『ヴォーグ ジャパン』と、名称・表記を変更した。現在渡辺を支えている、ファッションディレクターアットラージ／クリエイティブコンサルタントのアンナ・デッロ・ルッソの存在は大きいという。『ヴォーグ』には、日本のなかで1番のモード誌であるだけではなく、グローバルに通用するもの作りをしなければいけないというヴォーグ コードがあるからだ。

「私たちは、ファッションヴィレッジの人たち（世界のファッション界を構成する主要な人たち）に認められる雑誌であり続けなければいけません。そのためには、シューティングのクオリティを高く保ち向上させなければいけないのです！ アンナの力はそこでもっとも発揮されます」と渡辺は強調した。

イタリア版『ヴォーグ』の故フラン

2008年12月号『ヴォーグ ニッポン』（コンデナスト・ジャパン）

2014年3月号『ヴォーグ ジャパン』（コンデナスト・ジャパン）

カ・ソッツァーニ編集長（2016年急逝）のもとで20年近く働いた、アンナ・デッロ・ルッソは、「ヴォーグとは」「ファッションとは」「ファッション界とは」「クリエーターとの付き合い方とは」とすべてを知り尽くした、ファッションヴィレッジ歴の長い、世界で注目されるファッションエディターのひとりなのだ。

パリコレ後のファッションミーティングは、渡辺編集長を中心に、アンナ・デッロ・ルッソ、インターナショナルファッションディレクターのジーン・クレール、インターナショナルビューティディレクターのキャッシー・フィリップス、インターナショナルプロダクションディレクターのアンディー・ウェラン、ファッションマーケットディレクターの増田さをりが出席し、6ヵ月間の表紙のルック（最新ニューヨーク、ロンドン、ミラノ、パリコレのなかから）の6スタイルを決定し、フォトグラファーを決める。最近では、アメリカ版『ヴォーグ』のファッションも撮っている、パトリック・ドゥマルシュリエとルイージ＆イアンゴに頼むことが多くなった。表紙候補が決まれば、ウエル、FOB（Front of Book／巻頭にある特集）の大枠を決定する。ファッションヴィレッジの有名フォトグラファーは、コレクションが終るとブランドのキャンペーンフォトの撮影が始まるので、その前に、スケジュールを押さえなければいけないからだ。

最高のものを最高のクオリティで表現する“VOGUE is VOGUE”の精神とローカライゼーション（各国の独自性）の2つの柱をどうさばきビジネスを成功させていくか、世界22の国と地域すべての『ヴォーグ』編集長の力は、本国コンデナスト社によって常に評価されている。闘う相手は国内メディアと世界各国版『ヴォーグ』という、実に苛酷な世界なのだ。

6．モード誌の進化型が始動

「ヴォーグの概念」のなかには、メディアとしての役割に加え、ファッション産業を活性化させるリーダーとしてファッションビジネスに貢献するアクションを起こさなければいけないというDNAが組み込まれている。古くは、第

1次世界大戦中に、チャリティのファッションショーを開きファッション界に活力を与えたという記録も残されている。

リーマンショック後、コンデナスト・インターナショナルの会長のジョナサン・ニューハウスとアメリカ版『ヴォーグ』の編集長アナ・ウィンターの呼びかけで、世界中の『ヴォーグ』の編集長がパリコレ期間中に招集された。ヴォーグの長い歴史のなかで、各国編集長がミーティングのために一堂に会するのは、これが初めてだった。テーマは「リーマンショックで、低迷するファッション界が元気になるには何をすべきか」だった。結局、アナ・ウィンターが提案した、“FASHION'S NIGHT OUT（ファッションズ・ナイト・アウト／以下FNOとする）”を、ほぼ同時期に『ヴォーグ』を出版する各国で開くことが決定した。

リーマンショックからわずか3年後の2011年。日本では東日本大震災が起きた。この震災で日本経済が多大なダメージを受けたと知ると、世界中の『ヴォーグ』編集長が東京に集結して「FNO」を盛り上げるという一大イベントが開催された。その模様は、TVの報道番組でも取り上げられることになった。モード誌の活動がTVニュースに取り上げられるのは滅多にないことで、それ以来多くの消費者がFNOの趣旨を知ることとなり、毎年9月に開催されるようになり、2017年現在大阪と神戸でも開催の地域が広がっている。

「経済危機がなかったら、FNOはなかったかもしれません。それは『ヴォーグ』の新しい時代が始まった瞬間かもしれないのです。こうした時代に編集長として活動できてよかったと思います」と、渡辺編集長は語る。

アナ・ウィンターは、VOGUE Foundatiom（ヴォーグ財団）を設立し、CFDA（米国ファッション協議会）で、新人デザイナーを支援している。また2012年には、16歳未満のモデルや摂食障害を抱えたモデルを起用しないといった内容の「ザ・ヘルス・イニシアティブ」を立ち上げ、世界中の『ヴォーグ』が同時期に誌面やwebを通じて、この活動を宣言し、推進すると表明した。

2013年12月、コンデナスト・ジャパンは、メディアカンファレンスを開き、多様化する読者の情報接触シーンに合わせて、プリント（雑誌）、web、アプリ、SNS、ビデオ、イベント、レストランや他業種などをインテグレーション（統合）

2013年FNO（ファッションズ・ナイト・アウト）、表参道ヒルズにてオープンセレモニー

する「マルチプラットフォーム」という構想を発表した。このことにより、編集者は、すべてのプラットフォームと何かしらのかかわりを持つことで、従来の編集者の枠を超え、コンテンツプロデューサーとして仕事が豊かにマルチに広がっていくことになるだろうと渡辺編集長は言う。

2013年にヴォーグ編集部は、すでにプリントとwebの編集者の机が並び、情報を共有し、コンテンツは、すべてのプラットフォームで編集者が中心となって考えることになる。編集長の仕事の幅も広がり、『ヴォーグ』と名の付くすべてのクリエイションの責任を負うことになった。雑誌とwebばかりか、イベント、アプリ（プロダクツ）、他業種とのコラボによって新しく生まれるものすべてだ。「ヴォーグ」的価値とクオリティが揃って「ヴォーグ」となり、それをベースに、インテグレーションにおいても、他誌をリードしていくことを目指す。広告営業もまた、マルチプラットフォームの発想にシフトした。

メディアカンファレンスで「コンデナスト・ジャパンは、もはや出版社の域を超えたマルチメディアカンパニーとなり、新しい時代を築いているのです」と北田社長は宣言し、次世代の出版社のあり方を示した。

https://www.vogue.co.jp

5. 『ハーパーズ バザー』とは

『ハーパーズ バザー』は、1867年週刊誌としてアメリカで創刊された。創刊当時のモードはイラストで表現されていたが、1930年代後半からは写真表現へと移行し、1934年に編集長に就任したカーメル・スノーとアートディレクターのアレクセイ・ブロドヴィッチは、マン・レイ、リチャード・アヴェドンなどの写真家を起用しそのスタイルを確立していった。また、その後『ヴォーグ』の名編集長となった、ダイアナ・ヴリーランドはスノーに見いだされ、ファッションエディターの道を歩み始めていた。

1990年代には、伝説の編集長リズ・ティルベリス（のちに癌のため急逝した）とアートディレクターのファビアン・バロンにより、イギリス王室のダイアナ皇太子妃を表紙に起用し世界的に注目を浴びた。創刊150周年（2017年現在）を迎える『ハーパーズ バザー』は、現存するモード誌のなかで最も長い歴史を誇っている。世界43ヵ国で販売されている。

http://www.harpersbazaar.com/

1. 世界で最も歴史のあるモード誌

新しいミレニアム（千年紀）を間近にひかえた、2000年8月28日、エイチビー・ジャパンにて『ハーパース・バザー日本版』（以下『バザー』と表記）は創刊された。

あえて米版と同じ版型にして、日本のモード誌としては小さなサイズにし、慣れ親しんでいた明朝系のタイトルとは違うゴチック系のフォントのタイトルはいかにも、ニューヨークのモダニティを表現していた。

新たなロゴのタイトルは日本版『バザー』でも使用され、創刊号の表紙もそ

2000 年 10 月創刊号『ハーパース・バザー日本版』（エイチビー・ジャパン）

のスタイルを取り入れた。「新世紀の女たちへ」とメッセージされた表紙には、新ミレニアムを生きる５人の日本人と外国人のモデルが颯爽と並んでいた。

創刊編集長となった田上美幸は、1930年代から1950年代の『バザー』を輝かせたカーメル・スノー編集長の“well-dressed women with well-dressed minds”という言葉を引用して、目に見えるもの、見えないものすべてに高い美意識を持つ女性を描き出すことを宣言した。ちなみに、カーメル・スノー編集長と、クリスチャン・ディオールがデビューしたときのエピソードは、モード関係者の間では有名で、戦後のパリモードを語るとき、たびたび登場するほどだ。

世界で最も歴史のあるモード雑誌アメリカ版『ハーパーズ バザー』は、いつの時代も、アメリカ版『ヴォーグ』とは競合関係にあり、コレクション会場では編集長同士が火花をちらす場面も見受けられる。90年代の名編集長リズ・ティルベリスが癌で急逝したときは、広告を含む各ページにリズへの追悼文が掲載されるという、異例の追悼号が出た。イギリス版『ヴォーグ』時代同僚でもあり良きライバルでもあった現アメリカ版『ヴォーグ』のアナ・ウィンター編集長もその号に、哀悼の念を表した。

編集長を失ったアメリカ版『ハーパーズ バザー』に新しくやって来たのは、アメリカ版『ヴォーグ』でファッションフィチャーディレクターを務めていたケイト・ベッツだった。ケイト・ベッツは、雑誌の顔ともいえるタイトルの書体を変えることで、若々しいスタイルにリニューアルさせ、新進気鋭のフォトグラファーを起用してモダンなファッションページを提案、それは新しいミレニアムにむけた決意さえ感じさせた。そのタイミングに合わせるように、日本版は創刊した。

編集長を引き受けるにあたって田上美幸は、このケイト・ベッツ（当時30代）の若さに運命を感じ、自身を奮い立たせ挑戦することにしたという。ADの瀬田裕司とともにニューヨークにあるハースト社に出かけ、インターナショナル部門の担当者とのミーティングはフレンドリーに進んだ。ところが、日本版のデザインのひな形を作るあたりから、雲行きがあやしくなりアプルーブがなかなか取れなくなった。

日本の文化を理解せず、アメリカのロジックだけで本作りが始まったのだ。ヨーロッパの人たちは、互いの文化を知ることからスタートするので、その違いに当初はとても戸惑ったと田上は言った。ライセンスの常として、本国主導を貫こうとするのはアメリカばかりではない。欧州の国でも、文化の違いに対してリスペクトはするのだが、ビジネス上の主導権は渡さないものだ。

世界的に知名度がある『ハーパーズ バザー』だったが、1年早く創刊した『ヴォーグ ニッポン』との認知度の差は大きかった。アメリカでも見慣れないゴシック系書体タイトルは支持されず、1年余で編集長が交代することになり、それと同時に日本での体制も再編成されることになった。

2. プチバブルとともに上昇気流に乗る

創刊2年目を迎えた『ハーパース・バザー日本版』は、アメリカ版に倣って、2002年4月号より、タイトルのフォントを以前の明朝系のものに変えることになった。

アメリカのハースト社は、アメリカ版『マリ・クレール』を売り上げNo.1の雑誌にしたグレンダ・ベイリーを編集長に抜擢し、立て直しを図った。グレンダは、まずタイトルのフォントを以前のものに戻し、フレンドリーな表紙を目指すために、女性読者に人気が高い女優を毎回登場させることにした。

ハースト社の動きに連動するかたちで、ニューヨークに住み日本版バザーのアットラージエディターを務めていた、伊藤操を呼び戻し編集長とした。最初の仕事は、米版に倣いタイトルのフォントを変えることだった。また小型の版型は、書店から平台に置いたときのインパクトが弱いとの指摘があり、広告主からは広告写真をリサイズしなければいけないなどの物理的な理由で大版化を希望され、編集的にも写真の見栄えが良いとの理由も含め、2002年8月号より日本基準の版型、A4変形版に踏み切った。

創刊から1年間は、『ハーパーズ バザー』が世界で最も歴史あるモード誌！というキャンペーンを展開。『ヴォーグ』より歴史があるモード誌と認識されると、徐々にファッション業界に浸透していった。創刊1年にして、仕切り直しを余儀なくされたにもかかわらず、読者の反響が増す毎に、広告も増加するという、好循環が始まった。

日本版『バザー』のリニューアルが進むころ、ラグジュアリーブランドは、ミレニアムの到来に呼応して、新しいコンセプトの大型旗艦店を表参道、銀座を中心に次々とオープンさせていった。

口火を切ったのは、2000年銀座一丁目よりの松屋銀座店の一画にオープンしたルイ・ヴィトンの大型店だった。2001年6月には、銀座5丁目の晴海通りに11階建て、アートスペースや映画室のあるメゾンエルメス、9月には表参道という立地が話題となったシャネル表参道店。2002年9月にオープンしたルイ・ヴィトンの表参道店も、アートスペースや特別のヴィップルームを備えた。2004年12月にはシャネルのリシャール・コラス社長が140日間建築中の現場に足を運び、作業員と会話を重ねながら完成したというシャネル銀座店がオープンした。2006年11月には晴海通りに面した8階建てのグッチ銀座店がオープンした。

2002年10月号『ハーパース・バザー日本版』
（エイチビー・ジャパン）

銀座にはシャネル、エルメス、グッチ、表参道にはルイ・ヴィトンと独自のビルが建ち、世界に類を見ないラグジュアリーブランドのビルが立ち並ぶ街ができていった。

活況を呈するラグジュアリーブランドの勢いに後押しされ、日本版『バザー』も上昇気流に乗り、広告、部数ともに前年比を上昇させていった。誌面では、クロコダイルのバッグやブーツなど、桁外れの商品が掲載され、イットバッグやエディターズバッグ、優雅なセレブリティの暮らし、年齢を問わずいつまでもおしゃれを楽しむエイジレスな女性たちを紹介した。経済的基盤を確立した女性たちは、セルフプロデュース力に長け、自分の力で生活をエンジョイするという、プチバブル時代の真っ只中にあった。

2007年3月に『ハーパース・バザー日本版』を発行するエイチビー・ジャパンは、IT企業の小会社ILM（インターナショナル・ラグジュアリー・メディア）社との業務提携により日本版『バザー』を発刊するとのリリースを出し、2007年5月号より村上啓子編集長のもと新体制で再出発した。その後秋山都編集長に交代するも、世界経済の不況に伴う業績悪化を理由に、10年目にして2010年12月号で本国ハースト社とのライセンス契約を終了し休刊となった。

3.「創刊」という新たな扉が開く

出版社都合で雑誌の版元が変わることはときとしておきることであり、ライセンスマガジンは本国の事情に左右されるものだ。フランスのアシェットフィリパッキメディアの親会社、ラガルディールSCA社が、アメリカのメディアコングロマリットであるハースト社に、雑誌のライセンス事業部門を売却した。そのことにより、アシェット婦人画報社は、ハースト社の子会社となり、2011年7月1日よりハースト婦人画報社と社名を変更した。

元『エル・ジャポン』編集長の森明子は、15年間務めた『エル』の任を終了し3ヵ月ほどの休養を取った。その最中の2012年春、森はハースト婦人画報社の社長から、ハースト社が出版する雑誌を日本で創刊するうえでのリサーチを開始してほしいという、新たなミッションを言い渡された。
ハースト社を代表する雑誌というと、『ハーパーズ バザー』と『エスクァイア』と『コスモポリタン』だ。いずれも日本版が出版されていたが、その当時すでに日本には存在せず、その理由やそうなった経緯についてのリサーチから始まった。3誌にかかわっていた人たちや代理店、クライアントにヒアリングし、まとめたレポートをもとに、2ヵ月におよぶ社長とのミーティングを重ね、『ハーパーズ バザー』を「創刊」することに決定した。

以前の版元は、日本の会社がライセンス契約を結び展開していたが、今回は米ハースト社の子会社が直接出版する雑誌であるから、米側にとっては名実ともに「創刊」と呼べるものだった。合わせて、日本版の正式名は、表記上“日本版”や“ジャパン”を付けると長くなるので『ハーパーズ バザー』とした（エイチビー・ジャパンでは、『ハーパース・バザー日本版』と表記していたが、英語読みをカタカナにすると、「ハーパース」ではなく「ハーパーズ」が正しいということになり、以後「ハーパーズ」と表記することになった）。
その年の10月に森は、ビジネスディレクター広告本部長の斉賀明宏とともにニューヨークへ赴き、ハースト社の責任者と創刊に向けた話の詰めに入った。その席で創刊のタイミングは2013年9月または翌年の3月と決定した。アメリカ版『ハーパーズ バザー』のグレンダ・ベイリー編集長、クリエイティヴディレクターのスティーブン・ガン、パブリッシャーのキャロル・スミスとインターナショナルのチーム（実際にはここと仕事をする）に、面談することになった。スティーブンはニューヨーク不在のため欠席だった。
「私が『エル』時代にアメリカ版『エル』のパブリッシャーだったキャロルとは旧知の仲で、彼女の有能さはよく知っていたので、『バザー』でも一緒に働けることを互いに喜びました」と森編集長は語った。キャロルは『バザー』の改革を進めている最中で、部数、広告を伸ばし実績をあげていた。海外での仕事では、旧知の心を許せる有能な人が本社にいるのは心強いことだ。森もまたキャロルと同じように出世コースを歩んでいただけに有能な者同士の出会いは、成功が約束されたようなものだった。

ニューヨーク滞在中に、新たに召集したスタッフや全体のバジェットについて、米側にプレゼンをし承認を受けた。すべてにおいて本国に承認されなければことは進まない仕組みだが、裏を返せば歴史的な『ハーパーズ バザー』のイロハを知る良い機会となったと森は語った。

4．雑誌コンセプトの見直し

1年半の準備期間を費やし、『ハーパーズ バザー』は、2013年9月20日創刊した。コアターゲットは30代、働く大人の女性と設定した。大人感があり尖り過ぎず、クオリティが高く、テイストの幅があるモード誌だ。30代、さらに40代、50代と年齢に左右されない女性が興味を持ち、大人の女性が読んで使えるクオリティの高いものにしていくというコンセプトが打ち出された。何度となくターゲットのマッピングをした結果、最も『バザー』らしいターゲットを導き出すことに成功した。

創刊にあたって、森編集長（コンテンツとビジネス面を統括する総編集長でもある）が定めた方向性は、アメリカ版『ハーパーズ バザー』のコンセプトを忠実に日本でも表現することだった。その方法のひとつとして、創刊号には、1867年から現在までの表紙を集めたベストカバー集を付録に付けた。もうひとつが、左開き、つまり文字を横組にすることだった。これまで、横書きのモード誌はなかったのでそれをポイントにして、他誌との差別化を図ろうというものだ。

横書きに関しては社内でも賛否両論だったが、デジタルとの連動を考えると横書きにしたほうが、縦書きから横書きに変換するときにおきるトラブルが回避できるとともに、レイアウトも本誌との一体感が出るなどの理由で、横書きが採用された。結果的には、読者、クライアントからの評判も良く、洋書のように美しいという意見もあったという。

また、これからの雑誌運営は、webとの連動により立体的な展開が望まれている。webでのマネタイズ（無料サービスから収益を上げる方法）は今後の課題

2013年創刊号『ハーパーズ バザー』（ハースト婦人画報社）

でもあり、その需要を模索するのが編集長の役目になってきたのだ。ひとつは、“ショップバザー（Shop BAZAAR）”の開設だ。創刊では、伊勢丹新宿店のI ON-LINE内に『バザー』のショッピングサイトが登場するという仕掛けを作った。eコマース以外にも、伊勢丹新宿店での創刊イベントや六本木ヒルズで編集部がセレクトした新作ファッション映画の特別試写会をおこない、一足先に観ることができたファッションコンシャスな読者を満足させたのはいうまでもないことだろう。

雑誌が紙媒体のみとして生きられた時代は15年ほど前までだと森は言う。そのころの編集者は、企画立案でき、キャスティングもできる人脈を持ち、文章が上手く書け、美しいヴィジュアルが作れることが条件だった。ところが今は、プリント（紙媒体）、デジタル、eコマース、さらにイベントなどトータルに企画できる編集者が求められるようになってきた。場合によってはマネタイズ能力も必要とされているのだ。“Shop BAZAAR”は、アメリカ版も積極的に推し進めている重要案件で、モード誌のブランドエクステンションとして今後の展開が期待される。

現在アメリカ版『ハーパーズ バザー』のグローバルファッションディレクターを務めるカリーヌ・ロワトフェルド（元フランス版『ヴォーグ』の編集長）は、モード界で最も影響力のある女性のひとりだ。カリーヌは、『ハーパーズ バザー』と年間6回モードページを作る契約を交わし、それを各国版に提供している。もちろん、日本版でも彼女のページが採用されるのだ。カリスマ的なカリーヌは、読者やクライアントからの人気も高く、さりげなく存在感を漂わせるだけでおしゃれ度がワンランク上がるから、不思議な人だ。2014年4月には彼女の私生活を追った映画『マドモアゼルC』が日本でも公開された。この映画を観るとモード界の最前線を捉えるモード誌はどのように作られていくかがよくわかる。

2014年3月号『ハーパーズ バザー』（ハースト婦人画報社）

日本版『ハーパーズ バザー』は、創刊当時は隔月刊で始まった。『バザー』のターゲットとする女性たちに、確実なイメージを定着させていく時期で、先を急いで内容が薄まった月刊にするよりも、しばらく様子を見ながら丁寧に作ることを選択した結果、隔月刊でのスタートとなったのだ。ただ、時世の変化を見極めて、速攻すべきときにギアチェンジできるよう準備を怠らない（新しいことを仕掛けていく）、森のこれまでのやり方からすると、月刊化はそう遠いことではなさそうだ（2014年には月刊化された）。

以前の読者は雑誌と対話をしながら読んでいたので、隔週刊、月刊のタームで雑誌が出てほしいと思っていた。デジタル時代の到来で、他の媒体と違いモード誌に求められるのは早さや量ではなく、よりクオリティの高い写真や記事になってきたのではないかと筆者は思う。また、デジタルと紙媒体を比較してどちらかに軍配を上げるのではなく、共存する方法をモード誌は模索する時代でもあるのだ。

※『ハーパーズ バザー』は2015年4月より塚本香が編集長に就任し、現在に至っている。

http://harpersbazaar.jp

6.『ロフィシャル』とは

『ロフィシャル』は、1921年フランスでオートクチュールの公式メディアとして創刊した。20年代のオートクチュールといえば、ポール・ポワレやランバンやシャネルがクチュリエとして、パリのモード界を盛り上げ牽引していた時代で、タイムリーな創刊だったといえる。

モード誌のなかでも、最もラグジュアリーなモードを求める読者に向けた編集内容だけに、富裕層はいうまでもなくファッション業界の参考書としての役割を果たした。

従来のクラス感とエレガンスとシックな装いを踏襲しながら、プレタポルテを中心に時代のニーズに応える編集がなされ、フランスを代表するモード誌として、大人の女性に支持されている。世界30ヵ国で出版されている。

http://www.lofficiel.com

1. オートクチュールの世界を披露

モードにかかわる人なら『ロフィシャル』というモード誌の名前を聞くだけで、エレガントなモデルがオートクチュールのドレスをまとった写真や、パリのシックなマダムの姿をイメージするに違いない。

1920年フランス版『ヴォーグ』の創刊から1年後の1921年『ロフィシャル』は、当時奔放な私生活が話題を呼び、それを題材にし、感覚的な表現で人気を博した女流作家のコレットらの協力を得てフランスで創刊された。第2次世界大戦が終結すると、1947年のデビューコレクションで一躍「時の人」となったクリスチャン・ディオールのニュールックに始まるオートクチュール全盛の時代を迎えた。当時のクチュール界の最新情報を美しいヴィジュアルで紹介する『ロフィシャル』の記事に、女性たちは胸躍らせたという。

1980年代に日本をはじめアメリカ、ヨーロッパの国々でライセンスビジネスを開始した『マリ・クレール』や『エル』に続き、1996年『ロフィシャル』もロシアとライセンス契約を結び、その後トルコや中国などで発刊された。日本では2005年に創刊された。

アーティスティックな雑誌を手がけるアム アソシエイツ（代表取締役高野育郎）が、フランスのジャルゥ社とライセンス契約を結んだというニュースは、モード誌関係者の好奇の的となった。2005年4月1日高野育郎編集長のもと『ロフィシャル・ジャポン』（当時の表記）は創刊し、経営者でもある高野が編集長を兼務することになった。

『ロフィシャル』を選んだ理由について「フランスでは『ヴォーグ』と肩を並べる媒体で、素晴らしいアーカイブがあることが最大の魅力だった」と高野は答えている。ただライセンスマガジンの常で、表紙と中ページの半分はフランス版使用が義務付けられていたが、ルールに則りながら日本のセンスをちりばめ完成した創刊号を、フランスサイドも賞賛した。創刊から1年間は様子見で隔月刊に、2年目の6月号から月刊化された。

モード誌はほとんどの収入源を広告に頼っている場合が多い。当初フランスのラグジュアリーブランドの集広は、フランス側がサポートするという話だったが、結果的に日本独自の広告営業が集広につながったと高野は言う。日本で取り扱われているラグジュアリーブランドの広告は、ブランドの本国サイドがいかに日本編集のモード誌を評価するかにかかっている。その点、ライセンスマガジンは、世界的に名前が知られており、雑誌のコンセプトが理解されているので有利である。それに対して発行部数では、モード誌をはるかに上回る日本発のドメスティックマガジンでも、ブランドの本国サイドにとっては海のものとも山のものともわからない雑誌に出稿するには、それなりの説得力を要求するのだ。ただ、審美眼とビジネスセンスを持ち合わせるラグジュアリーブランドの首脳陣は、しだいにドメスティックマガジンの良さを認めるようになるのだが、スタート時のハードルはかなり高い。そういう意味では、『ロフィシ

ャル ジャパン』は順調に滑り出した。

ところが、2007年アメリカの住宅ローンの焦げ付きが問題となったサブプライム住宅ローン危機に続いて2008年のリーマンショックが起き、広告収入を主体とするマスコミ業界は痛手を受けた。なかでも直撃されたのがモード誌だった。「月刊のモード誌を出版することは、毎月フェラーリを1台ずつ買うに等しい」と高野は言った。こうした怒涛の2007年を乗り切るには、後発のモード誌の体力ではおよばず、2008年2月号をもって休刊となった。

2. 2回目の『ロフィシャル ジャパン』創刊

休刊から7年の時を経て、2015年10月1日に世界で30番目の『ロフィシャル』が、日本で再創刊することになった。

改めて、フランスにおける『ロフィシャル』のポジションを、簡単に説明する。モードや芸術の花が咲き乱れた「レ・ザネ・フォール（狂乱の時代）」と呼ばれるパリの喧騒のなか『ロフィシャル』（1921年創刊）は誕生した。モード誌のなかで伝統的なハイモードを表現し、オートクチュールの世界感に最も近い雑誌と位置付けられ、現在29ヵ国で販売されている。

2015年11月創刊号『ロフィシャル ジャパン』（ロフィシャル ジャパン）

馬淵哲矢が『ロフィシャル ジャパン』（再創刊にあたり、『ロフィシャル ジャパン』と改名）の発行人兼編集人となったきっかけは、自身が経営する会社の制作部門が引き受けた日本ブランドのファッションカタログの制作を、『ロフィシャル』

の妹版『ジャルーズ』の編集長ジェニファーに依頼していたことだった。馬淵は『ジャルーズ』の日本版創刊をねらっていたが、フランスサイドの旗艦誌の『ロフィシャル』を優先したいとの意向を尊重し、馬淵は出版の権利を取得した。

当初は、あるケーブルTVの出版部門との間で出版の話が進んでいたが、セブン＆アイ出版の常務執行役員の大久保清彦より共同発行人として『ロフィシャル』を出版したいとのオファーがあり、3年間の準備期間を経て発刊に至った。

雑誌は創刊準備を始めると、パイロット版を作り、クライアント、代理店にプレゼンテーションするのが常となっている。ところが、『ロフィシャル ジャパン』は従来の常識を打ち破るかのようにパイロット版を飛ばして、創刊号が作られた。

ライセンスマガジンの場合、リフト（本国版または、他国版の記事を転載すること）の仕方は契約条項に記されている。『ロフィシャル ジャパン』はリフトの仕方が従来のライセンスマガジンと違っていた。フランス版は、本誌以外に『ロフィシャル・ボヤージュ』、『ロフィシャル・アート』、ジュエリー＆ウォッチに特化した『モントレー』、『ロフィシャル・オム』があり、それぞれ年4回ずつ発刊されている。『ロフィシャル』の契約には、それらからもリフトできるシステムになっていた。インターナショナルな視野に立つ旅やアートの記事はクオリティの高いフランス版からリフトし、ファッションは日本の編集部が企画、撮り下ろしでページを作った。モード誌の生命線ともいえる、広告に結び付けるには独自の企画が必要だったからだ。

セブン＆アイ出版は、出版社間の垣根を越えたコラボレーションを実現する計画があった。ファッション界では、ラグジュアリーブランドとファストファッションのコラボレーションなどで化学反応をおこし、新たなマーケットを創出しようとする動きがある。『ロフィシャル ジャパン』の試みは、モードとは縁がなかった文学系の雑誌とのブック イン ブックや別冊という形態でのコラボレーションをすることで、今まで接点がなかった互いの読者へアプローチして部数を伸ばそうという新しい試みであった。現在、出版界でも同業者との業務提携が進んでいる。しかしコンテンツを共有するというところまで踏み込むことはほとんどなかった。『ロフィシャル ジャパン』はその垣根を越えようとしたのだ。

webサイトは、本誌の電子版として10月1日創刊と同時にスタートする。本格始動は12月1日の予定で、当面本誌連動企画とweb企画をミックスして運営していく。webの可能性と発展は十分に意識しながらも、紙媒体を充実させることを優先している。

ハイエンドマガジンをコンビニで販売する発想をいぶかる声も聞かれるなか、富裕層の人たちは、スーパーマーケットは厳選するが、コンビニへのこだわりや偏見はないというデータが出ている、と馬淵は言う。1日2500万人、5人にひとりが毎日コンビニを利用している時代に、そのアドバンテージを見過ごすわけにはいかないという思いが芽生えた。『ロフィシャル ジャパン』の共同発行人でありセブン＆アイ出版の大久保清彦執行役員は、コンビニで「街の本屋さん」を展開している。流通、出版ともにパラダイム・シフトがおきている今、ラグジュアリーとコンビニのカップリングは、新たな一歩を踏み出すことで、出版界に風穴を開けようとする『ロフィシャル ジャパン』の目論見でもあるのだ。

創刊後は、『エル・ジャポン』のファッションディレクターを務めた菊地直子が編集長となり、その後原口啓一が引き継いだが、2016年7月号をもって休刊し、日本を撤退した。撤退の原因としては、『ロフィシャル』は欧米では知名度の高いモード誌だが、日本での認知度が低いことと、出版不況という時代性もあり、発行部数、広告の売り上げが伸び悩み、休刊を余儀なくされたと思われる。

【コラム2】日本版モード誌のルールを変えた『ヴォーグ ニッポン』

今でこそファッション誌の編集長が、パリコレクションに出かけていくのが当たり前になったが、『ヴォーグ ニッポン（現ヴォーグ ジャパン）』が創刊するまでは、それほど重要な出張ではなかった。

日本の出版社の慣例として、雑誌編集者が記事を書くことは良しとされていなかった。文章は筆者を立て執筆を依頼し、写真はフォトグラファーに撮ってもらう、というスタンスが続いていたからだ。編集者は、いかに上質の仕事をしてくれる筆者や写真家と親密に付き合い、おもしろい内容の文章や写真が完成するような仕事の環境を整えるかが主な仕事だった。海外取材といえば、筆者とフォトグラファーに取材の段取りを伝え内容のディレクションをすると、取材が完了するのを待つのみだった。

編集長は、いったん取材が始まると編集者が発注した文章や写真を待ち、編集部に集まった材料をチェックして、雑誌全体の調子を整えるために台割を組み替え、最後の調整をする役割を果たしていた。記事のおもしろさが雑誌の売り上げを左右するから、編集会議で編集者がプレゼンする内容にかかっているのはいうまでもない。『ヴォーグ ニッポン』を創刊するとアナウンスがあった1997年までは、ファッション誌も従来の段取りで編集作業が続けられていた。

ところが、創刊時期が確定していない準備期間でさえ、『ヴォーグ ニッポン』の編集部は、欧米のモード誌のメソッドで仕事をスタートさせていた。今までと一番違った点は、撮影や取材がインターナショナルにおこなわれていることだった。ファッションシューティングは、海外版で名の知れている有名フォトグラファーのスケジュールを押さえ、そのファッションストーリーの内容によっては、日本のプレスルームにサンプルがないドレスやスーツなどは、海外のプレスオフィスに問い合わせて、シューティングのタイミングに合わせて、国際宅急便で取り寄せるのが当たり前におこなわれていた。

何より日本の出版社が発刊するモード雑誌と『ヴォーグ ニッポン』の違いは、編集長の仕事の仕方だった。『ヴォーグ ニッポン』では、編集長がパリやミラノのコレクションへ出かけるのは当たり前とされていた。それはファッションショーを見たエディターたちが提案してくる、ファッションストーリーや読み物ページの内容をジャッジするには、編集長も同じようにショーを見ておく必要があるからである。雑誌の行方を任されている編集長にとって、このコレクション会場に足を運ぶことこそが、向こう半年の売り上げ部数と広告集広の数字を確保するためには必要不可欠なことだからだ。

ヴォーグ上陸以降、モード誌の編集長は、広告対策を主な目的として、シーズン毎にコレクション会場に出かけるのが当たり前になった。しかも、編集長がコレクションに出かけていかず、フリーのジャーナリストが取材をしていたころはフロントロー（最前列）の意識もなく、与えられた席に満足していた。ところが、モード誌の編集長がこぞってショーに出席するようになると、海外モード誌の例に倣い、編集長はフロントロー、ファッションディレクターは2列目、ジャーナリストやスタイリストはその後の席を割り当てられるようになった。ヒエラルキーを明確にする欧米のスタンスに、最初は戸惑いもあったが、すでに20年近く歳月が過ぎた現在では当たり前のことになっている。

『ヴォーグ ジャパン』を発刊するコンデナスト社や『エル・ジャポン』『ハーパーズ バザー』を発刊するハースト婦人画報社のように、海外資本が入った出版社は、編集部のスタッフ構成も欧米に準じる形をとっている。今では、日本の出版社から発刊される『マリ・クレール スタイル』『フィガロジャポン』などのライセンスマガジンや『ギンザ』『シュプール』などの国産モード誌でさえ、編集長自らコレクション取材に出かけるのは恒例となった。21世紀と同時にやってきた『ヴォーグ ニッポン』が、出版界に与えた影響は多大なものだった。

第3部

強者編集者揃いの
インディペンデント系モード誌

インディペンデント系のモード誌は、有名なモード誌の編集をかつて経験していた強者が多く、既存の雑誌の作り方や方向性に満足しない有志が集まり、自由な発想で独自のアイディアやスタイルを打ち出している。

クリエイティブな才能があるがまだデビューを果たせなかったり、チャンスが巡ってきていないクリエイターたちが営業用ツールを作るために、無給で雑誌作りに参加して完成する、いわば若手の登竜門的な役割を果たす雑誌ともいえる。若くて優秀なフォトグラファーやスタイリスト、ライターを輩出することにより、その媒体のバリューが上がり、一流誌と肩を並べる雑誌に成長したものも存在する。ここで紹介する『ヌメロ』『ナイロン』を始め、スティーヴン・ガン率いる『V』マガジン、元フランス版『ヴォーグ』の編集長だったカリーヌ・ロワトフェルドの『CR』マガジンなどもその範疇に入る。

日本にも、世界のクリエーターたちから絶賛された『デューン』(すでに休刊)や『コモン＆センス』などレベルの高いインディペンデント系モード誌が存在している。

7. 『ヌメロ』とは

『ヌメロ』は、1998年『グラマー』誌の編集者だったバベット・ジアンが編集長となり、パリで創刊したハイセンスモード誌だ。タイトルの"ヌメロ"はフランス語でナンバーを意味する言葉で、テーマ毎にナンバリングされ、数字がデザインの一部になっている。インディペンデント系でありながら、発行部数の多さはバベット・ジアンのファンの多さを物語っている。

従来のマイルドな女性誌とは一線を画し、「毒抜きされたモード誌はいらない」「毒のなかにこそ本質は宿る」がコンセプトのモード誌だ。独特の審美眼で今という時代を鋭くえぐるファッションフォトやコンテンポラリーアートへの造詣が深いことでも定評があり、本物の知的な女性のためのモード誌を目指している。日本、韓国、中国で出版されている。

http://www.nuemero.com/fr

1. ふたつの産みの苦しみ

フランス語で番号を意味する『ヌメロ』は、1999年バベット・ジアンによって創刊されたフランスのモード誌だ。モードのポストモダンが終焉を迎えた1990年以降、リアルクローズ（実用的な服）こそモードの最前線といわれるようになった時代に、洗練されたフランスのモダニティを、エッジの効いたヴィジュアルで表現する『ヌメロ』がデビューし、創刊当時からモード関係者の間では話題となった。どちらかというとインディーズ的な香りを漂わせたこのモード誌は、『ヴォーグ』や『ハーパーズ バザー』などの王道モード誌に淘汰されていくのではとのおおかたの予想を裏切り、独自のスタンスを貫き、世界的なモード誌へと昇りつめていった。

日本ではモード誌に対して一種のアレルギーがあり、部数、広告ともにビジネス的に成立しにくい雑誌とみなされていた。ところが、1990年代後半になると『エル・ジャポン』の成功と『ヴォーグ』上陸を契機に広告主が動いた。広告には、ブランドのイメージを向上させる役割と実売に結び付ける役割、2つの目的がある。ラグジュアリーブランドでは、イメージのコントロールは重要案件とされ、どんなに大部数でもイメージ的にそぐわない雑誌とのリレーションは難しいと判断されるのだ。また、ラグジュアリーブランドが日本上陸から30年以上経つと顧客の高齢化が進み、新規顧客の開拓をする時期になっていた。つまり、部数的には弱いモード誌でも、ラグジュアリーブランドの広告が入る必然性が生まれた。

仏版『ヌメロ』創刊号

こうした時代の流れを察知し『ヌメロ』に賭けようと、IT関連のMファクトリーという会社は子会社ラ・カシェットを設立し、『ヌメロ』と契約を結んだ。最初は『ヌメロ』の輸入総代理店となり、仏版を翻訳したタブロイド判を仏版に挟み込んで展開していた。数年後、日本版創刊にむけて編集長候補を探し始めた。田中杏子が『ヴォーグ ニッポン』のエディターをやっていた2005年のこと、日本版『ヌメロ』の編集長を探しているので推薦したいという電話があった。編集長の経験がないため、編集長は経験者を立て、ファッションディレクターならできるかもしれないということで、ラ・カシェットの担当者と田中は面談した。

ラ・カシェットからの強い要望もあり、結果的に田中は編集長を引き受けることになった。2005年10月に『ヴォーグ ニッポン』を退社し、アシスタントをひとり連れ日本版『ヌメロ』の編集部作りに取りかかった。編集部発足当初、親会社Mファクトリーと同じ六本木ヒルズの39階の広いオフィスを与えられたが、翌年1月にライブドア（38階にあった）の堀江貴文以下数名の逮捕者を出した事件以降、銀行はIT関連の会社へ資金を貸し渋るようになった。そのあおりを受けて、規模を縮小していく親会社の動きに倣い、編集部を元代々木町に移し、広告営業のパートナーとなった常見大作とともに、創刊に向けた試算を続けることになった。スタッフの絞り込み、会社経費の削減とシミュレーションを繰り返し、現実的な創刊のイメージが完成していった。

1年余の準備期間を経て、創刊を間近に控えた2007年1月23日、ラ・カシェットの役員からこの事業を丸ごと買い取ってくれるところを至急探してほしいとの要請があった。それは、数日後（1週間後）に引受先が決まらなければ、創刊はないものと覚悟してくれとの厳しい内容だった。モード誌を毎月出していくためのランニングコストや、キャッシュフローを考えると、ITバブル崩壊の余波を受け弱体化した新興企業では、創刊にたどり着くことさえ困難だったのだろう。

扶桑社がラグジュアリーブランドを扱う女性誌の出版に前向きであることを知り、田中は当時の扶桑社の朝倉役員と片桐社長を訪ね、ことの経緯と成功への秘策をプレゼンした。結果、1週間後に『ヌメロ』を引き受けるとの返事が返ってきた。

「ほんとうに、デープインパクトでしょう？　そのとき私は臨月だったんですが、3kgも痩せてしまいました」と田中は振り返った。それほどタフでなければ、編集長は務まらないのだ。

2.『ヌメロ トーキョー』＝田中杏子といわれるまで

フランス版『ヌメロ』のバベット・ジアン編集長と初めて会ったのは、田中杏子が編集長を引き受ける決心をして間もないミラノコレクションの期間中だった。

「あなたは誰？　編集長が決まったなんて聞いてないし、翻訳版を出すというから契約書にサインしたのよ！」と、バベットはたいそうな剣幕だった。何か行き違いがあるのではと、バベットと親しいアンテプリマのクリエイティブディレクター荻野いづみに相談し、彼女の仲立ちでランチをすることになった。

そこでも、バベットは「私が作った『ヌメロ』は、誰にもさわらせない！」の一点張り。日本でもフランス版『ヌメロ』は海外版のモード誌のなかではよく売れていた。「翻訳するだけの『ヌメロ』には、私は何の興味もない！　それに、翻訳版を出したらあなたの仏版は売れなくなるわよ！」と激しく反論したと田中は言った。「Yes」と言う日本人は多いが、「No！」と言える日本人に対して興味を示したのか、バベットは初めて心を開いたという。

編集スタンスは、『ヴォーグ ニッポン』仕込みでいくことにした。それは、決してリフト（本国版の転載）しないで、オリジナルを貫くことだ。いったんフランス版をリフトすると、限りなく翻訳ものに近づき、世界では２流、３流の雑誌になっていくことをよく知っていたからだ。最初は、バベットとの軋轢をさけるために、リフトはしないが、フォトグラファーなどのスタッフィングは

2006 年創刊準備号『ヌメロ・トーキョー』
（扶桑社）

2007 年４月創刊号の『ヌメロ・トーキョー』
（扶桑社）

相談することになった。

いくつもの問題をクリアーし雑誌名も欧文で『ヌメロ トーキョー』とし、2007年2月に創刊した。

モード誌というのはどこかで読者を突き放し、それでも付いて来る人だけが買ってくれればいい、というサディスティックな部分がある。そこに読者がおもしろみを感じてくれれば成立するのだが、フレンドリーな要素が少しもないうちは部数に恵まれることはない。広告主も、エッジの効いたモード誌とばかり親密になるわけでもない。

2008年のリーマンショック以降、どこの出版社も経費を度外視する編集方針の見直しを迫られるようになった。このころは、どの企業も先行きの見通しが立たず、暗中模索の時代に入った。創刊から1年半ほど経ったころ、『ヌメロ トーキョー』も経費の削減をいい渡された。創刊から、数字を気にせずやってきたので当然のことと、あらゆる経費を見直していった。

そして2009年秋ごろには、日本の読者寄りの編集にシフトしていった。モデルも日本人を起用するようになり、メインのファッションは編集長自らスタイリングするようになった。その結果、丁寧な作りの雑誌と認められ、クライアントの評価も上がり、広告は前年比超えを毎年記録した。

2014年3月号『ヌメロ・トーキョー』（扶桑社）

『ヌメロ トーキョー』＝田中杏子であり、今はまだ田中以外にこの本を作れる人はおらず、休刊しない限り、編集長として『ヌメロ トーキョー』を作り続け、また万が一他誌から誘いがあったとしても、移る意思はないと田中は言う。日本では、編集者が前面に出てくる雑誌は少ない。◯誌の△さんといわれても、△さんが編集長を務める◯誌とはなかなかいかない。編集長が代わっても、何もなかったように◯誌は出版され続ける。だが、田中なしの『ヌメロ トーキョー』は存在しないに等しいのだ。

モード界で田中は、フランス版『ヴォーグ』の元編集長、カリーヌ・ロワトフェルドにたとえられることがある。スタイリストから編集長になったキャリアや、ファッションアイコンとしてのカリスマ性などの共通項があるからに違いない。今までにない新しいスタイルの編集長が誕生したのだ。

https://numero.jp

8.『ナイロン』とは

『ナイロン』は、1998年ニューヨークで創刊したモード誌だ。創刊メンバーは、編集長兼フォトグラファーのマービン・スコット・ジャレット、マイク・ノイマン、90年代初期のモード界で活躍したスーパーモデルのヘレナ・クリステンセンの3人が共同で設立したが、クリステンセンはまもなくメンバーを離脱した。雑誌タイトルの『NYLON』は、NYとLONDONを組み合わせた造語だ。2006年には世界的に人気の高いコミュニティサイト「MY Space」に「Nylon Magazine Digital Edition」と名付けたデジタル版とNylon TVを有料で開設。ファッションもミュージックシーン情報もどこより早く提供している。現在は、Nylonの公式サイトからデジタル版（有料）へリンクすると、雑誌より一足先に最新情報が得られる。日本、韓国、シンガポール、タイの4ヵ国版がある。
https://www.nylon.com

1. インディーズの強みを生かす

欧米にはモード関係者に一目置かれそれなりの地位を確立したインディーズ系のモード誌が育つ土壌がある。ニューヨークでファッションとアートを融合したビジュアルマガジン『ヴィジョネア』や『Vマガジン』を発刊するスティーブン・ガンは自社の運営のみならず、アメリカ版『ハーパーズ バザー』のクリエイティブディレクターも兼任し、インディーズの強みをメジャー誌でも発揮している。『ナイロン』もまたメジャー誌にはないマニアックでディープな情報の量と質を備え、インディーズ誌の強みを生かしたモード誌なのだ。

TVドラマ「ゴシップ・ガール」の女子たちが『NYLON』を愛読しているシーンがあったが、その日本版を発刊するカエルム社の代表取締役と『ナイロン・ジャパン』編集長を兼務する戸川貴詞は、創刊の経緯を以下のように語った。『ナイロン・ジャパン』より1年早く創刊した『DAZED & CONFUSED』日本版（以下『デイズド』とする）創刊の経緯から話す必要があると切り出された。

戸川は大学卒業後出版社に就職したが、起業することを思い立ち、友人の小規模な出版社で経営面を学ぼうと思い転職した。そこで働くうちに、雑誌を出版するには自分には業界のコネクションも認知度もないので、インターナショナルに通用するライセンスマガジンからスタートしたほうが販売も広告も会社経営もうまくいくに違いないという結論に達した。

2001年カエルムを設立する前にロンドンへ行き『デイズド』の門を叩いた。『デイズド』は、1991年にフォトグラファーのランキンとエディターのジェファーソン・ハックの2人が創刊した、ロンドン発のモード&カルチャー誌だ。スレンダーなジェファーソンはコレクション会場では目立った存在で、Style.com（現在VogueRunwayと改名）のフロントローの常連でもある。彼らの雑誌作りに共感してスーパーモデルのケイト・モスやデザイナーのアレキサンダー・マックイーンが参加したことでも有名だ。

『デイズド』に知り合いがいたわけではないが、ランキンもジェファーソンも話を熱心に聞いてくれ、ライセンス契約が成立した。戸川は『デイズド』を理解するためにインターンを志願し、そのまま3週間ロンドンに滞在した。その3週間で学んだことは、海外のインディーズ誌は、それにかかわるフォトグラファーやスタイリスト、ヘア&メイク、モデルにとってプロモーション用で、そこで名が売れると広告の仕事が入り経済的に安定していくという構図だった。フリーランスはページを作る経費以外はノーギャラが常である。雑誌を出版する側も、低コストでクオリティの高いヴィジュアルを期待し、ラグジュアリーブランドもそれに協力して高価なドレスを貸し出してくれるのだ。新人でもクリエイティヴでクオリティの高いヴィジュアルを創れば「あっ」という間に成功する光景を見て、戸川は日本の発刊プランを練ったという。

『デイズド』が日本の文化に根付くには時間がかかりそうだと睨んだ戸川は、ロンドンにいるうちにニューヨークの『ナイロン』編集部に電話した。すると

「近々東京に行く予定（ユナイテッドアローズのジュエルチェンジズのパーティに出席のため）があるので、東京で会おう」ということになった。当時の編集長マービン・スコットとマイク・ノイマンに会うと意気投合し『ナイロン』の契約も成立した。インディーズ誌は、雑誌作りへの志を高くもち、それに共感しあう者同士がタッグを組み発展していく。世界へ飛び出していった戸川もそのひとりだったのだ。こうして2002年3月号『デイズド』創刊（2010年10月号にて休刊）、そして2004年4月号『ナイロン・ジャパン』は創刊した。

2. モード誌からストリート誌への転換

創刊当初は、欧米の編集スタイルを踏襲してフリーランスはノーギャラと設定したが、欧米に比べて日本は雑誌が多くエディトリアルの仕事だけでもフォトグラファー、スタイリスト、ヘアメイク、モデルなどの撮影スタッフは十分暮らしていけるので、エディトリアルで名前を売って、収入源は広告という欧米スタイルは通用しなかった。そこで海外で撮影することにしたところ、ロンドンで1、2位といわれるフォトグラファーのニック・ナイトも撮影に参加したり、日本では基本的にショーのときのコーディネートで撮影するのが決まりになっているが、ブランドミックスのコーディネートすることも可能だった。

2004年創刊号『ナイロン ジャパン』（カエルム）

『ナイロン ジャパン』は創刊当初から広告も順調に入り、米版の記事を翻訳して使うリフトを多用することで経費を絞り、早期に黒字化した。雑誌を作るには1冊何千万円も制作経費がかかり、取次店より書店へ配本されるというシステムにより、本が売れてもすぐに出版社に入金されるわけではないのでキャッシュフローがないと続かない。解決法としては堅調な広告収入だ。一般的には製作経費を絞ろうとする経営サイドと雑誌のクオリティにこだわるために少しでも多くの経費を勝ち得ようとする編集長の考えが相反し戦うものだが、戸川はひとりで2役をこなすので矛盾が生じなかったのだ。

日本の女子にむけた雑誌作りへのシフトは『ナイロン ジャパン』の転機となった。『ナイロン ジャパン』はサブライセンシーながらビジネスを成功させる確固としたポリシーがあったからだ。それは、創刊から4年ほど経ち、渋谷、原宿でNo.1になろうと戸川が思ったことから始まった。モードという概念から離れ、ストリート誌への転換を図ったのだ。最初にモデルを日本人かハーフに切り替えたら、読者の反応があきらかに変わったのだ。

日本版のモード誌にはほとんど外国人モデルが登場する。筆者がファッションエディターだったときも、本国版の編集者からどうして日本人モデルを使わないのかという疑問を投げかけられたことがある。その度に、日本人より外国人モデルのほうが洋服が似合う体型だからとか、ヴィジュアルはあくまでもイメージの世界だから、日本人にこだわる必要はないという答えをしていた。それまでのライセンスマガジンの常識を覆し『ナイロン・ジャパン』は読者を巻き込み、彼女たちのシーンを作るためにも、日本人もしくはハーフモデルを選ぶことにしたのだ。

「ライセンスマガジンだからといって本国版をなぞるだけでは意味がありません。本国版は、その国の読者に近い環境から誕生したモデルを登場させ共感を得ようとしているのです。そうなるには、形の違う『ViVi』(講談社刊の女性誌)にならなければ成功とはいえないのではないかと思った」と、戸川は言い切った。

水原希子が表紙になった2010年8月号、読者のシーンを作る『ナイロン ジャパン』が始動したことを印象付けた。水原希子は『ViVi』の専属契約をする前に何度か『ナイロン ジャパン』にも登場していたが、映画『ノルウェイの森』

2010年8月号『ナイロン ジャパン』(カエルム)

で女優デビューした2010年に再び『ナイロン ジャパン』に戻り表紙を飾った。新垣結衣や木村カエラやIMALUも『ナイロン ジャパン』のイメージを牽引する存在だ。彼女たちは、ラグジュアリーブランドも、109やラフォーレの人気ブランドも着こなす。戸川が言う「読者のシーンを作る」という意味がしだいに解けていく。読者は、紙面に登場する水原希子や新垣結衣が、何を見て何を感じるのか、それを追体験することで自分たちのスタイルを完成させていくのだ。そのファクターとして『ナイロン ジャパン』が機能する。外国人のモデルやセレブでは、生活環境が違うため夢物語にしかならないのだ。雑誌は、読者が手に入るかもしれない理想の世界へ誘う手引き書の役割を担っていた。ところが、情報が簡単に手に入る時代になると、半歩先んじることより読者との距離を縮め「共感を得る＝シーンを作る」ことが役割になってきたのだ。

3. デジタルネイティブにむけた雑誌作りへ

『ナイロン ジャパン』は、後2〜3年もするとデジタルネイティブが読者層になってくる。そう考えると雑誌だけではなくデジタル、SNSを活用した新しいメディアが必要になってくるのは必至だ。

『ナイロン ジャパン』創刊のころはライセンスの力が必要だったが、方針を変えたころには各方面にコネクションもでき、支援してもらえるようになるとブランディングがほぼ完成し、次はそれを発展させていく段階にきたと戸川は判断した。その時点でデジタルとのむき合い方が鍵を握っているのはわかっていた。

2011年web版のNYLON.JPをスタートさせたが、当初はそこにどのような価値を見いだせばいいのかわからなかった。他誌も「紙の時代じゃない」といいながらも、収益性に欠けるデジタル版の活用法に明確な答えが見いだせず試行錯誤していた。

これまで紙媒体は、いい記事を作れば読者に支持され部数も広告も伸びていた。ところが同じやり方がデジタルでは通用しないのだ。『ナイロン・ジャパン』の方針変更でイメージ以上にこだわった日本人をモデルにすること、リアリティのある服を取り上げることなど、実用的な作り方にヒントが隠れていることに戸川は気が付いたという。

デジタルの世界ではコミュニケーションのとり方が重要で、ファン＝読者との交流を図るためにデジタル上のコミュニティを作り始めた。ただ、このコミュニティのベースは『ナイロン ジャパン』のコアな読者だが、雑誌とは関係ないところから新たに入ってくる者もいたのだ。創刊当時から『ナイロン ジャパン』の周知と経営を軌道に乗せるために、クラブなどでイベントを開催していた。この手法もロンドンでのインターン時代に学んだことで、コミュニティ作りに大いに役立っている。

戸川の考えは、基本的には雑誌とデジタルは役割が違うので連動させない。雑誌の企画の告知などはデジタルを使うこともあるが、それは今ではデジタルのほうが圧倒的にファンが多いからだ。またコミュニティ作りにはSNSが有用で、なかでもFacebookとInstagramを多く使っている。

SNSはTwitterからピンタレスト、グーグル＋と一通りアカウントを開設し

2015年1月号『ナイロン ジャパン』（カエルム）

ている。『ナイロン　ジャパン』2015年1月号はInstagramでストリートスナップ特集を敢行した。従来のストリートスナップは、編集部が街へ出てスナップするのだが、この企画はファンが投稿した写真を編集する方式を取ったのだ。予想は的中、全国から約2000件の投稿があり、掲載されたファンも大いに喜んだ。しかも表紙にInstagramのロゴが掲載されたのは世界でも初めてと、本国のInstagramから感謝されたという。従来は、雑誌の企画が先行して、その材料をデジタルに流用するパターンだったが、逆の発想を用いることで『ナイロン　ジャパン』本誌の売り上げも倍増した。

http://www.nylon.jp

第4部

モード誌の新形態

デジタル化の時代を迎え、出版社から取次を通して書店へ配本するという従来のシステムとは違う動きで発刊する雑誌やデジタルのみの媒体が出現している。

『T ジャパン』のように書店販売をせずに、新聞社と出版社が手を組み、媒体をより有効に活用する読者にダイレクトに、しかも無料で届くシステムを導入する雑誌が増えている。これは2012年に『マリ・クレール スタイル』として復刊するにあたり用いた手法だ。この種の出版物は、配布部数とセギュメントされた良質の読者を売りに、広告収入を生命線として成り立っている。

アメリカに拠点をもつコンデナスト社やハースト婦人画報社は、積極的に媒体のデジタル化を促進している。紙媒体の『コスモポリタン』は1980年から2005年まで集英社より刊行されていたが休刊した。2016年日本再上陸した『コスモポリタン』は、デジタル版のみで発信されている。アメリカに本拠地を置くハースト社は2016年に「デジタル・ファースト」戦略を打ち出し、経営方針としてデジタル媒体に移行していく考えを表明した。そのことにより、雑誌も発行するデジタルパブリッシャーとして、会社の経営方針を変更した。出版界における時代の転換期をまさに迎えようとしているのだ。

9.『T マガジン』とは

米ニューヨーク・タイムズ社は、上質の暮らしを提案する『ザ・ニューヨーク・タイムズ・スタイル・マガジン』（通称『T マガジン』）を2004年創刊した。現在年間11冊が発刊され、書店での販売はおこなわず、『ニューヨーク・タイムズ紙』の日曜版とともに配本されている。シーズン毎に女性の最新モードと男性の最新モードを特集し人気を博している。モードばかりでなく、カルチャー、トラベル、デザイン、食の特集が組まれ、いずれもクオリティの高いヴィジュアルと知的な記事は、インテリ層に支持されている。

https://www.nytimes.com/section/t-magazine

1. 朝日新聞社と集英社がタッグを組んだ『T ジャパン』

2015年3月25日に創刊した『T ジャパン』の発刊は、現在編集長を務める内田秀美が朝日新聞社との会合でアメリカ版『T マガジン』の素晴らしさを語ったことがきっかけでスタートした。朝日新聞社はNew York Times社と長年提携しパイプがあったことで『T マガジン』との提携話はスムーズに展開し、1年後には『T ジャパン』（日本版のタイトル）の発行が決まった。発行、印刷、デリバリーを担う朝日新聞社と本の編集と一部発行をおこなう集英社というのが契約の概要だ。雑誌コンテンツは基本的には集英社が責任を持ち作成することになった。

『T ジャパン』の内田秀美編集長

創刊にあたって集英社が配信したリリースには、スタイルを文化として捉える『T マガジン』のコンセプトについてデボラ・ニールドマン編集長（当時）が以下のように語っている。「私にとってファッションで最も興味深いのは、表面的な装飾のことではありません。ファッションの文化的な場面、背景にあるビジネス、またはそれを支えるクラフツマンシップなどです」。また『T ジャパン』の編集長に就任した内田は、『T ジャパン』についてすべての読者の知性に敬意を払い、知的で、愉快で、美しい、大人の雑誌と位置付けた。

発行部数は20万部。18万部が年収1,500万円以上の割合が多いエリアの朝日新聞購読家庭に。さらに、集英社の通販サイト「フラッグショップ」利用者のなかでファッションの購買力がある2万人に配布され、都内の高級ホテルなどにも置かれている。朝日新聞購読者のなかでも限定された高所得者にしか届かないという、新形態の雑誌だ。

ページ数は100〜150ページ。あまり厚い本にする気はないと内田は言うが、広告の入り方しだいでページ数が増える可能性は否めない。

雑誌の厚さの理想は、トートバッグなどに入れて持ち運べる厚さを内田は想定している。

これは極端な例ではあるが2000年代初頭のアメリカ版『ヴォーグ』は、広告込みで通常250ページのところファッションの新しいシーズンが始まる9月号や3月号は550ページを超えた時期があった。最高は2004年9月号の823ページだ。当時は日本でも『エル・ジャポン』や『ヴォーグ ジャパン（当時はニッポン）』でも同じ現象がおこっていた。当時はプチバブルのころだった。

2. 大人のスタイル誌を作る

大人が楽しめる雑誌『T ジャパン』は、先を急がず2015年は3月、5月、9月、11月の計年間4冊発刊からスタートし、2017年現在はメンズ号を加え、年5回発行している。フリーの雑誌なので、収入源は広告のみとなる。それゆえ広告主がどの視点で出稿するかが問題となった。ブランドイメージを損なうことなくむしろ高め、掲載商品の反響が多い雑誌が出稿のポイントとなる時代

2015年3月創刊号『T ジャパン』（朝日新聞社×集英社）

だ。

以前は、発行部数や反響を度外視し、広告主のタニマチ的発想から出稿が決まった例もあったが、現在はシビアな費用対効果が第一条件だ。コンテンツの充実に尽力する編集長の役割に加え、広告主との信頼関係が大きくものをいう時代だ。

内田は、集英社に入社後『non-no』に配属になり、読者と文通するほど読者コンシャスで、パリコレの話などピンとこなかった。ましてパリコレなどで着ることもできない服を見て何の役に立つのかと思っていたが、『SPUR』に異動後、コレクションに通うようになり、ファッションの一歩先が読めるようになった。ファッションはそんなに難しいものではなく、コレクションのエッセンスを読者に伝えればいいのだと気が付くと、モード誌の醍醐味がわかるようになった。

『T ジャパン』は、「クオリティ」と「インテリジェンス」をキーワードにした「大人が読んでほしい雑誌」と位置付けられた。それは、例えばバッグが100個掲載されるより、選りすぐりの3個しか載ってないほうが説得力があり、行動のきっかけになる。ユニークな切り口で内容の濃い記事が掲載されてる雑誌である、と内田は言う。

日本のモード誌は、ある時期からモードのリーダーでありつつ、読者が知りたいことを大量にしかも細やかな解説で紹介する読者コンシャスな作りにシフトした。それが日本のファッション雑誌文化であり、成功するスタイルとして海外でも認知されるようになった。『T ジャパン』がもし書店売りなら違う方法論を選んだかもしれないが、好むと好まざるにかかわらず、届けられる雑誌だけに、手に取って読んでもらうためには、読みごたえ、見ごたえのある記事が掲載されていると認知されなければいけないのだ。日本のモード誌がフレンドリーな方向に向かうなか、逆行するくらいの覚悟で本作りに臨まなければいけないのでは、と内田は言う。ファッション自体、量の時代から質の時代へ流れが変わりつつある気配がする。

ニューヨーク・タイムズ社の人たちと接すると、ファッションを映画やアート等と同じようにひとつの文化として捉えている。政治部も経済部の記者もコレクションに興味を持ちそれぞれに意見を述べる。

内田は「ファッションを文化として伝えたいと考えると、自ずとアプローチも違ってくるのです。取材記事にしても、ノンフィクション作家が時間をかけて取材した上で、新しい視点のインタビュー記事にしたり、作家性のある写真家にモードを撮ってもらうなど、一捻りした記事で雑誌をいきいきとさせたい」と抱負を語った。

編集記事は半分がリフトで半分が日本編集。紹介するファッションは女性ものが中心で、質の高い記事は男女を問わず読んでもらえると確信している。本国の『T　マガジン』の編集者から、日本版の記事をリフトできる日が待ち遠しいと言わせたいと編集長の本気度がうかがえた。これまでのように販売部数にとらわれないフリーマガジンだけに、上質の記事に期待が高まる。

https://www.tjapan.jp/

10.『コスモポリタン』とは

『ザ コスモポリタン』は、1886年「一流の家族誌」としてアメリカで創刊した。その後雑誌名を『コスモポリタン』とし、1965年編集長に就任したヘレン・ガーリー・ブラウンは、新しい時代の女性像や女性が誰にも相談できずに抱える悩みに対して本音で答える編集方針を打ち立て、現在のスタイルを構築した。

日本では集英社より1980年に『コスモポリタン ジャパン』として創刊するも、紙媒体の役割が終わったとの判断から2005年末に休刊。10年後の2016年ハースト婦人画報社により、デジタルメディアとして復刊した。

現在82ヵ国で発売されているインターナショナルマガジンとして、紙とデジタルの媒体を両立させ、恋愛、ビューティ、セレブ、エンターテイメント、ファッションの話題を、ミレニアル世代の（20〜30代）女性たち“Fun Fearless Female（楽しく大胆な女性）”に向けて発信している。

http://www.cosmopolitan.com

1. 紙媒体からデジタルへの移行

ハースト婦人画報社は2016年1月21日デジタルメディアの『コスモポリタン』は、日本版を立ち上げた（http://www.cosmopolitan-jp.com/）。代表取締役社長&CEOのイヴ・ブゴン（以下ブゴンとする）が、「わが社は雑誌も発行するデジタル企業である」と言うように、デジタルメディアへの大きな一歩となる、デジタル版コスモポリタン日本版を創刊した。

130余年の歴史を誇る『コスモポリタン』は、2011年アメリカ本国ではデジタル版がスタートし、2016年初頭にデジタル版が日本上陸した。「楽しく大胆な女性」をイメージする『コスモポリタン』は、ターゲットとしている若い女性達が興味を持っている、恋愛やライフスタイルを瞬時に捉え、世界中の女性をエンパワーしているメディアだ。

出版社からIT企業へ移りキャリアを積みまた出版社へ戻った白重絢子が日本版『コスモポリタン』の編集長を務める。紙媒体は、その雑誌のスタイルのファンであることが大前提で、お金を払っても読みたいと思わせる記事があり、常に何か提案するリーダー的な存在でなければいけない。一方デジタルは、ユーザーの時間を競合同士で奪い合っている。ユーザーを振りむかせるには、今何が流行っていて、その人たちがどんなインサイトを持っているかリサーチし、記事をリアルタイムで届けることに注力している。インサイトとは、洞察したい相手の視野から得られるその人の気持ちをいう。サイトのフィードに流れていく記事を、どれだけの人が見つけてくれ、おもしろがってくれる記事かが勝負と白重は言う。ユーザーのインサイトを探るために、編集スタッフはTwitterやInstagram、SNSも含めたあらゆるサイトをチェックし、ときにはコスモポリタンのターゲットと思われる人たちと会いコミュニケーションをとっている。

『コスモポリタン』のターゲットは、20代前半から30代前半。デジタルネイティブと呼ばれる人たちだ。彼女たちは、物心付いたときには身近にコンピュータがあり、大人になる前にスマホを手にしていた世代だ。その10歳の差でも、思考回路は違っているという。コスモポリタンで最も定評のあるLOVEのコーナーを例にとると、デートをするのに「tinder」というマッチングアプリを使うとして、30歳代は使用したことを隠そうとするが、20歳前半はむしろ使ったほうがクールだと思っているとの結果が出た。彼女たちにとってアプリはファッションと同じくらいセンスを競うアイテムなのだろう。

「『コスモポリタン』のユーザーが、今、何に引っかかり、何に悩んでいるのかをきちんと知ることが大切だと思っています。女友だちのような感じで、おしゃべりしているムードが大切なことです。聞き上手な友だちには、いろんなことが相談できるように……」と言う白重も、デジタルネイティブ世代なのだ。

デジタルと紙媒体の編集部の体制にも違いがある。ヒエラルキーが存在しないというのもデジタルならではの発想で、プロデューサーだろうと編集長だろうと、アルバイトだろうとフラットな関係性で成り立っている。データを中心に動いているので、正しいデータを見つけて示せば、誰でもその人の意見に従う。アップル社のジョブズがカジュアルなスタイルだったのは、社員と同じ目線でいたことの証なのだろう。これがデジタル世代のスタイルといえるかもしれない。

【コラム3】同業他社とのデジタル戦略 『ELLE SHOP』×『ミモレ』

全日空のスターアライアンスや、日航のワンワールドといった言葉を聞いたことがあるだろうか。航空会社のグローバルネットワークによりコードシェア（他社の航空機にも搭乗できるシステム）したりマイレージを他社でも使えたりするサービスだ。利用者にとっても、企業にとってもウィン・ウィンのシステムとして、今では当たり前になっている。

デジタルの時代、こうした「アライアンス」という発想が、出版社同士でより機能するようになるだろうという、ハースト婦人画報社代表取締役社長 &CEO の考えを裏付けるように、講談社とハースト婦人画報社がそれぞれの現場から提案した企画が2016年3月2日スタートした。

講談社の web マガジン『ミモレ』（http://mi-mollet.com/）のショップコーナーが『ELLE SHOP』（http://elleshop.jp/web/contents/top/）と直結したのだ。『ミモレ』の社外編集長大草直子はじめ、人気のライターやスタイリストたちが、『ELLE SHOP』で扱っているアイテムを使いコーディネートを提案、お気に入りの商品があれば、『ELLE SHOP』へ飛び、買い物ができるシステムだ。

『ELLE SHOP』は、2009年にスタートし、出版社では先がけとなった。『ELLE SHOP』の特徴は、エルのエディターやバイヤーが雑誌目線で選んだ商品で構成され、必然的にブランド数もアイテム数も絞り込まれた、セレクトショップ型の EC サイトだ。また、他の EC サイトと一線を画しているのは、カスタマーレビューのコーナーがないところだ。SNS 方式の、ユーザーの反応が商品動向を左右せず、目利きエディターとユーザーとの信頼関係で成立しているのだ。

大草直子編集長率いる『ミモレ』は、リアル（現実と実用）を追求する、純粋 web マガジンとして2年前にスタートした。web の強みを発揮し、動画による具体的な着こなしを提案したり、会員になると時間限定で編集長やスタッフと、ファッションやビューティなどのお悩み解決チャットができるという。こうしたリアル感が、ユーザーの心をつかみ人気を博している。『ミモレ』の創刊当初は、読者が掲載商品を手に入れたければ、それを扱うサイトに飛べる仕組みにしていたが、『ELLE SHOP』での購入頻度が高かったことから、ユーザーの親和性が強いと感じ、手を組んでみようという話が成立したのだ。

『ELLE SHOP』のスタッフがセレクトしたアイテムを、『ミモレ』のスタッフがその良さを引き出し、ユーザーに支持されたアイテムは人気商品となる。こうして理想のトライアングルが形成され、ウィン・ウィン・ウィンの関係が成立するのだ。競合他社という壁に風穴が開き、新しい時代の風を感じさせる、デジタル化へマインドセットが進む過程におきた「ちょっといい話」と捉えるべきできごとに違いない。

第 5 部

デジタル時代のモード誌の未来

インターネット元年といわれた 1995 年から 20 余年経った今、出版界はデジタル化に大きく舵を切り始め、革新の時を迎えようとしている。最大の関心事は、いつ、何を、どのようにデジタルへ移行するのかということだ。モードは製品を手に取り、身につけるものだけに実体を必要とするが、出版は紙媒体に頼らずとも、ディバイスさえあればすべてに対応できる。デジタル化にする最大のメリットは、紙や印刷のコストを抑えられることだ。ただ、消費者のなかには本の重みを感じ、ページをめくるときにリアリティを感じる人もいるので、完全デジタルまでには少し時間がかかるとみられている。

すでに紙媒体からデジタルへシフトしているアメリカを本国とする出版社、ハースト婦人画報社とコンデナスト社のデジタル戦略にスポットを当て未来予想を試みた。そこから見えてきたものは、出版社という概念から別の概念を持つ企業に変化する姿だった。

2045 年の「人工知能 AI」が人間の知能を超えると予測するシンギュラリティ（技術的特異点）、第 4 次産業革命による就業構造転換、コンピュータがもたらす未来はダイナミックに変動していこうとしているのだ。

1. ハースト婦人画報社のデジタル戦略

総務省は、平成16年/2004年の情報通信白書のなかで、情報のデジタル化の変遷を「マルチメディア」「インターネット」「ユビキタス」という、新聞で使用頻度の高い言葉を用いて表現した。そのなかでユビキタスネットワーク社会を「いつでも、どこでも、誰とでも、ネットワークにつながれば、さまざまなサービスが提供され人々の生活をより豊かにする社会である」と定義付けた。

「メディアのデジタル戦略」についてインタビューを試みた、ハースト婦人画報社の代表取締役社長&CEOのイヴ・ブゴン（以下ブゴンとする）は、現在のユビキタスネットワーク社会の到来を見据えて、他社に先がけ1996年『ELLE ONLINE』を立ち上げ、デジタル化の第一歩を踏み出していたという話からスタートした。

2015年末におこなわれた事業説明会で、ハースト婦人画報社のブゴン社長は、米国ハーストマガジンズ社のCEOの言葉を引用し「雑誌も発行するデジタル企業」と、これまでの紙媒体を中心にした出版事業から、デジタルを中心にした事業へシフトし、新時代の到来を宣言した。

ハースト婦人画報社代表取締役
イヴ・ブゴン社長

ブゴンに、この発言の意味するところを尋ねてみると、「わが社では、2010年から出版社としての組織の最適化を図るマインドセット（もののの見方）、インフラの整備、デジタル対応の商品開発に着手しました。まだ進化の途中ですが、徐々にその成果は現れています」と語った。冒頭から、紙媒体では使用していないいくつかの用語が並び、時代の変化を実感する。ハースト婦人画報社は、2011年アシェット婦人画報社から米国ハースト社のコングロマリットの一員となったが、それ以前から少しずつ社員スタッフの教育プログラムツールを作成し、インターネットを使いこなす基本的な能力＝デジタルリテラシーの強化を図っていた。
「紙中心の編集者には、編集スキルの高い者もたくさんいますが、デジタル化以降入社した人たちとのギャップは否めないかもしれません。しかし，長年のELLE ONLINEの成果は、社員のデジタルリテラシー向上に役立っています。さらに、社員の25％が20〜30代前半の、幼少のころからインターネットやパソコンが生活環境に整っていたデジタルネイティブ（主に1980年代以降に生まれた世代）と呼ばれる人たちになってきました」とブゴンは言う。

今後デジタルネイティブのパーセンテージは上がることはあっても下がることはないと予想される。出版社の場合、新卒での入社は狭き門で、3年以上の経験者にしか門戸を開けないところも多いが、今後20代前半でもデジタルリテラシーの高さによっては入社も可能になるのだろう。この、デジタルネイティブと呼ばれる人たちについては、10章の『コスモポリタン』でもふれたので、参照されたい。
スタッフの充実と並行しておこなうことで、安定したクオリティと利便性を増すのがインフラの整備だ。ユーザーが求めているサービスばかりか社員スタッフの意識向上につながる、ハーストグループ独自のCMS（コンテンツ マネジメント システム）「Media OS」を開発し、グループのネットワークの強化を推し進めている。このシステムは、編集者がコンテンツを最適化することをサポートし、コンテンツを全世界で共有できるというものだ。人気が高い記事が瞬時にわかり、海外の記事でも日本の読者が興味を持ちそうなら、国を超えて自由に使えるというシステムには、ネット時代独特のスピード感がある。
「Media OS」を使用することで、広告にも新しい方法論が浮上している。ひとつの広告キャンペーンが、グローバルに国を超え、媒体さえも超えて展開される可能性があるという。壁を超えるという考え方をブゴンは、「デジタルの世界では企業同士が提携するアライアンスという仕組みは珍しいことではありませんが、今後出版社の間でも進んでいくのではないかと思います」と言う。

このアライアンスという発想に当てはまる事例として、他社の販売網を利用して、本を流通させる販売委託という方法がある。現在、ハースト婦人画報社は講談社と販売委託の提携を結んでいる。これは以前から存在するシステムで珍しいことではないものの、互いの信頼関係が、講談社のデジタルコンテンツ『ミモレ』編集部とハースト婦人画報社の『ELLE SHOP』の部署レベルで話しあわれ、同業他社とのコラボレーションに発展した。

1991年ティム・バーナーズ・リーによってWWW（ワールド・ワイド・ウェブ）の開発がおこなわれて15年、この短い間にもパラダイムシフトは確実に進んでいるのだ。

ブゴンのインタビューを終えて、デジタル化による新しい時代のうねりが「出版社からデジタル企業への進化」を促していることを改めて感じるとともに、これまでありえないことがおころうとしているデジタルネイティブが活躍する時代性を感じさせた。

2. コンデナスト・ジャパンの未来予想図

もはや日本でも出版社のデジタル化が止まらない。日本上陸以来いち早くデジタル化に着手したコンデナスト・ジャパンのデジタル戦略について北田淳社長（以下、北田とする）に話を聞いた。

コンデナスト・ジャパン北田淳代表取締役社長

2000年11月創刊から1年後に『ヴォーグ ニッポン』のウエブサイトがオープンした。当時は、デジタルの可能性について手探り状態で、まずは紙媒体からの解放と銘打って雑誌の内容をそのままデジタルに落とし込むマガジンレプリカを始めた。しかもiPadで見るのがスタイリッシュであるというイメージを作り上げていった。その後、動画の導入やインタラクティブな活用、デジタルだけで提供されるプロダクツを作成し販売などを進め、現在のような完全オリジナルコンテンツサイトが完成していった。

2017年2月現在、『ヴォーグ ジャパン』の公式ウェブサイト（2011年5月号より改名）は、媒体資料による（http://corp.condenast.jp/datas/media/3/VOGUE媒体資料% 202016.03.pdf）UU（ユニークユーザー＝決まった集計期間にウエブサイトを訪れたユーザーの数）は230万／月、PV（ページビュー＝ウエブサイトで閲覧されたページの数）は2,200万／月という数字から、日本版モード誌のサイトで、No.1を誇っているのがわかる。

「紙媒体でもデジタルでもコンデナストは常にトップランナーでなければいけない。目指しているのはティア・ワン・デジタル・カンパニーだ（tier 1とは階層1を意味する）。プレミアムでフロントロー（最前列）にい続けるデジタルメディアを目指している」と北田は語る。

『ヴォーグ』はプリント（紙媒体）で美しいヴィジュアルと最先端の情報を提供する媒体であると評価されてきたように、デジタルにおいてもクリエーションでオーディエンスに感動と驚きを与え続けるという使命があるのだ。デジタルでは、パフォーマンスも要求される。パフォーマンスとは、数字だけではなくテクノロジーを駆使したイノベーティブな側面も持ち合わせることだ。そこがビジネスへ直結するポイントというだけに、これまでの文化系編集者のスキルでは、対応できない時代がやってきたのだ。

「デジタルにおいてもマーケットレピュテーション（市場評価）やクリエイティビティを向上させ『ヴォーグ ジャパン』のコンテンツはすごいね！ といわれなければ存在価値はないに等しい」と北田は語気を強めた。

コンデナスト・ジャパンは、2013年に開催したプレスカンファレンスで本格的なデジタル化にむけて、プリントとデジタルの8つの柱を提示し会社運営や組織の変革を打ち出した。それから3年半過ぎた現在では、デジタル環境も変化し、デジタルマガジンやアプリの開発は姿を消していた。その理由として、デジタルマガジンもアプリも一部の限定的なニーズしかなく続ける理由がなかったからだという。
「2013年の時点ではSNSも視野に入っていたが、今のように力を持つとは思っていなかった。今、デジタルチームは、Facebook、Twitter、LINE、Instagramに最適な情報を分散して投稿し成長させようとしている。しかもSNSでもマネタイズ（無料サービスから収益を上げる方法）ができるようになってきた」と、北田は言う。デジタルの世界では、今何がインで何がアウトかというのはデイリーベースで変化し、そのスピード感をもって判断していかなければいけないのだ。
コンデナスト・ジャパン社は「ナンバーワン・プレミアム・マルチメディアカンパニー（良質なコンテンツをプラットフォームに関係なく提供する集団）」と自社を表現しその任を達成してきた。ところが、プリントとデジタルを扱う出版社というだけでは、ビジネスの成長にいつか限界がくると判断し、幼虫から成虫に変態していくように、時代に即した会社形態の変革をおこなおうとしている。「フレーズとしてはまだ完成していないが、コンテンツ・マーケティング・エージェンシーというのか……。形態のイメージはできているのだが」と北田は言う。
企業はそれぞれ、自社サイト＝オウンドメディアを持つ時代になってきた。マスメディアに頼らなくても情報を発信することができるようになったのだ。ただデジタルは、スタートすると毎日更新しなければその機能を十分に発揮することができないといわれている。不変に資料価値のあるものは、図書館の蔵書のように訪れる人を待てばいいのだが、その情報を必要とする人は限られている。情報化社会に生きる現代人には、より新しい情報をより早く入手できるのが当たり前の時代になっているからだ。
コミュニケーションスキルを持つメディアとして、コンデナスト・ジャパンがこれから取り組もうとしているニュービジネスは、メディアの蓄積したノウハウとスキルを生かして、依頼された企業の情報を最大限最大化するというビジネスだ。例えば、ソーシャルネットワークで何時に何本コンテンツをポストすればいいか、最新のテクノロジーを駆使した情報発信方法などなど、メディアのプロフェッショナルな領域を生かしてサポートするビジネス展開に力を入れていく。デジタルにおいてもパーセプション（消費者の購買意欲を支配する要因）とハイクオリティがコンデナスト社の生命線だということだ。「最先端のテクノロジーでコンデナスト社で最適だと判断したものをどこよりも先に使ったという事実が大事だ」と北田は断言した。

合同会社コンデナスト・ジャパンは、アメリカのコンデナスト社を中心にしたグループ会社だ。海外に本社を置く企業は、本社の意見に追従するのがあたりまえだった。ところがコンデナスト社のグループは、文化や思想が違う国々が集まったグループだからこそ、デジタルの特性を最大限に生かして、ローカルオートノミー（地方自治）を認めるという考え方を採用し、効果をもたらしているという。デジタルのすべてを支配する企業は未だにない。ならば、それぞれの国で試行錯誤した結果をシェアし、国同士がコミュニケーションをとり、新しいものに挑戦しようという企業文化がもともとあった。その結果、最新デジタル情報を世界中のグループから入手できるようになったのだ。

「日本の出版社は日本で解決する手だてしかないが、ジャパンで何か課題が見つかると、グループに投げかけることにしている。必ず先に課題をブレイクしている国からの解決法が示される。そこが、圧倒的にアドバンテージだと思う。デジタル時代には国境はないのだから」と北田は主張する。

しかも、コンデナストグループの間で、世に出る前の生情報を交換できるというから、モードばかりかあらゆるジャンルで他国では何が動いているか知ることができるのだ。『ヴォーグ ジャパン』が常にナンバーワンであり続ける理由はそこにあるのだろう。

日本の出版社がデジタル化に遅れをとっているのは、トップダウンをせず、デジタル化が全社、全スタッフのミッションにならない体質にあるからだと北田社長は分析する。日々更新されていく情報とテクノロジーの進化によって、長期的なビジョンを示しにくくなっているのは確かだ。そうしたハードな世界で、正解を求め続けるのが「今」なのだろう。

第6部

モードの流れを変えた
6人のファッションエディター

日本の雑誌編集者（エディター）は、企画を練り、その企画に適した筆者やカメラマンに原稿を依頼、原稿が上がってきたら整えてデザイナーにレイアウトを依頼、校正紙に校正を入れ下版し出版に至る編集作業が主な仕事とされる。執筆は筆者、スタイリングはスタイリストの仕事のため、編集者は手をくださないのが原則となっている。

ところが、海外の雑誌では、ヴィジュアルを制作するのはファッションエディターの仕事であり、ファッションの読み物はファッションフィーチャーエディターの仕事とされている。いずれも、コレクションや展示会の取材をして、企画立案し、モードのページでは自らスタイリストとしてスタイリングに携わり、カメラマンに対して方向性を示す場合もある。モード界にとってファッションエディターの視点こそ、新しいモードの発信源となるので彼女たちの（女性の場合が多い）動向を注視しているのが現状だ。

この第6部では、時代の流れを敏感に捉え、人並み以上の審美眼と先見性を持ちモード界を牽引した、『ハーパーズ バザー』のカーメル・スノー、『ヴォーグ』のダイアナ・ヴリーランド、『ハーパーズ バザー』のリズ・ティルベリス、『ヴォーグ』のアナ・ウィンター、『CR』のカリーヌ・ロワトフェルド、『マリ・クレール』の山崎真子、6人のファッションエディターの雑誌作りを紹介する。

1. カーメル・スノー（Carmel Snow）

カーメル・スノー（以下スノーとする）は『ハーパーズ バザー』の1930年代半ば〜1950年代の黄金期を築いた編集長だ。

スノーは、1887年アイルランドのダブリンの中流階級の家庭に生まれた。1921年に『ニューヨーク・タイムズ』の記者になりパリコレの記事を書いていた。その記事が、コンデナスト（コンデナスト社の創業者）の目に留まり1922年『ヴォーグ』のエディターに誘われた。当初は編集長エドナ・ウールマン・チェイスのアシスタントを務め、のちにファッションエディターとして活躍するようになる。

1932年スノーは、ハースト（ハースト社の創業者）に請われて『ハーパーズ バザー』に移籍した。このことをコンデナストは裏切り行為とみなし、以来口をきくこともなかったという。翌年より編集長となったスノーは、「素敵な心を持つ女性は、おしゃれが上手 “well-dressed women with well-dressed minds”」をモットーに誌面作りに励んだ。それを後押ししたのが、アートディレクターに抜擢したアレクセイ・ブロドヴィッチだった。彼は、ロシアからパリへ亡命しアメリカに渡りイラストレーターの仕事傍ら、フィラデルフィアの美術学校でグラフィックデザインやイラストや写真を教えていた。

ブロドヴィッチと出会ったスノーは、彼の絶妙なトリミング（イラストや写真の枠を決めること）と洗練されたタイポグラフィー（活字を用いて印刷物にするときに文字の体裁を整える技術）に魅了されたという。

ブロドヴィッチが『ハーパーズ バザー』に参加すると「余白」を生かしたモダンな誌面が完成し、モード誌として格段の評価を得るようになっていった。スノーとブロドヴィッチは、ジャン・コクトー、ダリや新人のころのマン・レイといったパリで活躍する芸術家にアプローチした。『ティファニーで朝食を』などの洒落た小説で有名なニューヨーク在住のトルーマン・カポーティに文章を依頼することもあり、ヴィジュアルもテキストも充実した最高のモード誌を世に送り出していった。

スノーとブロドヴィッチは、新しい写真表現にも果敢に取り組み、1933年当時報道カメラマンだったマーティン・ムンカッチと専属契約を結び、モデルと服の表情を動きのある写真で表現し、モード写真に「モーション」という新しい概念を打ち立て、誌面を彩った。

1936年、その後の『ハーパーズ バザー』に新風を送ることになるひとつの出会いがあった。ニューヨークのセント レジス ホテルで、白いシャネルのドレスをまとい踊っていたダイアナ・ヴリーランド（以下ヴリーランドとする）をスノーが見初め、リクルートに成功したのだ。一度も仕事をしたことがないヴリーランドに、スノーはどうして白羽の矢を立てた理由をヴリーランドが尋ねたところ「あなたは洋服をよく知っているわ」と言われたことが決心へと導いたと、のちに語っている。つまり、モード誌に必要なことは座学ではなく、服を着る人の感性と経験と好奇心だとスノーは言っているのだ（ヴリーランドについては、ダイアナ・ヴリーランドの項で述べることにする）。

またコロンビア大学で哲学を学んだ後、ブロドヴィッチが主宰する「デザイン・ラボラトリー」で写真を学んだリチャード・アヴェドンは、1945年『ハーパーズ バザー』と専属契約を結んだ。スノー、ブロドヴィッチ、ヴリーランド、アヴェドンという、最強の布陣が完成し『ハーパーズ バザー』の黄金期が始まった。

第2次世界大戦が終結すると、1947年パリのオートクチュール界にクリスチャン・ディオールが彗星の如く登場した。デビューコレクション以前からディオールの才能に注目していたスノーは、デビューショーが終わるとディオールに駆け寄り「これは革命ね。あなたの服はまさに“ニュールック”だわ」と称賛した。それを聞いたロイターの記者が、その日のうちに「ディオールによるニュールック」と配信すると、ディオールの名と“ニュールック”は世界中の女性たちに知れわたった。ウエストを絞ったバージャケットとたっぷり布を使ったスカートのシルエットは、戦時中おしゃれから遠ざかっていた女性たちにおしゃれ心を思い出させるきっかけを作ったのがスノーの一言だった。このエピソードからもわかるように、当時のモード界では、スノーの影響力は絶大なものだった。

スノーは、1957年70歳で編集長の座を姪のナンシー・ホワイトに譲り引退した。引退後は、故郷のアイルランドに戻り、18世紀に建てられた屋敷に住み余生を送ったという。

「エレガンスとは、ほんの少しの斬新さを加えることで生まれるセンスの良さである」（"Elegance is good taste plus a dash of daring."）というスノーのモードに対するフィロソフィは、『ハーパーズ バザー』のDNAに刷り込まれることになった。

http://www.harpersbazaar.com/culture/features/a92/bazaar-140-0507/

2. ダイアナ・ヴリーランド（Diana Vreeland）

1903年パリ生まれのダイアナ・ヴリーランド（以下ヴリーランドとする）は、幼少のころからグローバルな家庭環境で育った。第1次世界大戦が勃発すると一家でニューヨークにのがれ、その後家族と離れてロンドンの祖母の家に住んでいた時期もある。19歳のころには社交界の洗練された女性のひとりとして『ヴォーグ』の誌面にしばしば登場したという。

1928年、ヴリーランドは21歳で、銀行家のトーマス・リード・ヴリーランドと結婚しロンドンに新居を構えた。ダンスカンパニーに参加したり、ランジェリーショップを経営することが上流階級の女性の間で流行っていると自分も挑戦したり、優雅な結婚生活を送っていた。1929年の世界大恐慌が落ち着くと、1935年夫の仕事のために再びニューヨークで暮らし始めた。

アメリカ版『ハーパーズ バザー』時代にダイアナ・ヴリーランドが企画した「Why don't you?」

相変わらず何不自由ない恵まれた暮らしを送っていたヴリーランドは、ある日シャネルの白いドレスを着てダンスホールで踊っているところを、前述の『ハーパーズ バザー』編集長カーメル・スノーに見いだされ、1936年ファッションエディターの道へ進むことになった（その経緯はカーメル・スノーの項を参照）。ファッションエディターになるには、美しいものを見て、体験して感性を磨き、自分なりのおしゃれの視点を持つことが必要とされる。ヴリーランドは“Why Don't You ?”という初の企画にその視点を発揮した。幼いころから「自分のスタイル」を持ち「ひらめき」を大切にしていたヴリーランドならではの奇抜なアイディアは、多くの読者を虜にした。例えば、「ブロンドに染めた髪の生え際は、飲み残しのシャンパンで洗いカラーをキープしてはいかが？」といった具合だ。

ファッションエディターの道を本格的に歩み始めたヴリーランドは、スタイリングをし女性フォトグラファーのルイーズ・ダール・ウォルフと数多くのシューティングをおこなった。1940年第2次世界大戦が始まると、モード誌も愛国心をかき立てるように星条旗をモチーフにしたり、軍服を着た女性を表紙に取り上げるようになったりした。そうした社会情勢のなかでヴリーランドは、ベティ・バコールというモデルを起用して、戦時下にある女性たちへメッセージを送る写真を1943年3月号の表紙にした。そのモデルこそ、のちの大女優ローレン・バコールだ。人を見る目があったスノーにも引けを取らず、ヴリーランドにもその才能が備わっていたのだ。また、オードリー・ヘプバーン主演の映画『パリの恋人（Funny face）』（スタンリー・ドーネン監督1957年アメリカ）のなかで描かれている編集長はヴリーランドをモデルに、フレッド・アステア演じるフォトグラファーはリチャード・アヴェドンをモデルに描かれている。編集長でもないのに、映画のイメージキャラクターになるということは、当時から世界的に名を轟かせていた有名エディターだったということだ。

1957年スノーが編集長を引退すると、ヴリーランドはナンシー・ホワイト新編集長からしだいに編集ページの担当を外され閑職となっていった。新編集長は、新しい編集方針を打ち出し、新たなスタッフが召集され、雑誌は刷新されていく。編集長交代は、スタッフの交代でもあるのだ。5年後、ヴリーランドは、コンデナストに誘われてライバル誌『ヴォーグ』の編集部へ移籍した。

コンデナスト社はハースト社に比べて給料も編集経費のバジェットも潤沢で、ヨーロッパへも撮影に行けるのが魅力だったとヴリーランドは語っている。『ヴォーグ』に移った翌年の1963年、ジェシカ・デイビスに代わり編集長となったヴリーランドは、編集部員に「私を驚かせて！」と、イマジネーションの限りを尽くして、クリエイティブな誌面にすることを要求した。その模様は、ドキュメント映画『ダイアナ・ヴリーランド─伝説のファッショニスタ』のなかに見て取ることができる。そのなかでは、フォトグラファーのリチャード・アヴェドンとモデルのベルーシュカによる、"The Great Fur Caravan" と題した日本特集のための3週間におよんだリリカルなファッションシューティングや撮影秘話が綴られている。

ヴリーランドの次期編集長となるグレース・ミラベラは、著書『ヴォーグで見たヴォーグ』で、ヴリーランドの浪費が社長の逆鱗に触れ、時代の転換点を見誤り経費ばかりかかる雑誌作りをしたことが理由で解雇されたと記している。ひとつの時代が終わるということは社会構造が変わることを意味し、それに対応する考えの持ち主へとバトンが渡される。雑誌もやはり、編集長とアートディレクターが変わることでコンセプトが一新される。ヴリーランドが編集長として辣腕を振るったのは、63年から71年の約10年だけで『ヴォーグ』の歴代編集長のなかでは在任期間が短かった。ヴリーランドの任期中、アメリカの経済は目覚ましい発展を遂げ、時代の上昇気流に乗り女性たちは開放感を満喫していた。そんな女性たちにむかって、ヴリーランドはモードの可能性を、服を通して表現していたのだ。ただ、70年代に入るとその繁栄に陰りが見え始め、夢を追い求めるヴリーランドのスタイルが時代にそぐわなくなってきた。ミラベラが編集長に就任すると現実に即したモードを提案する『ヴォーグ』が誕生した。

ヴリーランドは、解雇から1年足らずの1972年に、ニューヨークのメトロポリタン美術館の衣装研究所顧問となり、作品の展示に工夫を凝らし来客数を倍増させた。彼女が企画した『イヴ・サンローラン回顧展』は、生存するデザイナーの作品展とあって、ファッション界で話題となった。1975年には、2度目の来日を果たし、日本の文化に触れていたく感動し日本贔屓になったという。なかでも歌舞伎役者の坂東玉三郎の美しさにはエレガンスの極みを見たと語っている。

どんなに時代が変わろうと、どんな仕事環境であろうと、ヴリーランドは自分らしさを貫き読者や一般市民に、ファンタジーを与え続けたエディターだった。1989年8月に逝去すると、メトロポリタン美術館でお別れのイベントがおこなわれた。モード界に咲いた大輪のバラを思わせる彼女の存在は、今も多くのエディターの感性を刺激し、雑誌作りのエピソードは語り継がれている。

3. リズ・ティルベリス（Liz Tilberis）

1990年代に入り、アメリカの大手出版社ハースト・コーポレーション（現ハースト）は、歴史ある『ハーパーズ バザー』（以下『バザー』とする）が『ヴォーグ』や『エル』に遅れをとっていることを問題視し、その立て直しを図ることにした。そこで、白羽の矢が立ったのが、当時イギリス版『ヴォーグ』の編集長を務めていたエリザベス（通称リズ）・ティルベリス（以下ティルベリスとする）だった。1991年10月のパリコレの最中に、ハーストマガジンズの社長D・グレイズ・バーレンバーグと面談をすることになった。そこでティルベリスは、すべての編集権を彼女に与え、優秀なフォトグラファーを起用し、制作費と宣伝費の予算アップ、さらに既存スタッフをすべて解雇し、新規スタッフで編集部を組織できれば契約すると条件を提示した。そのすべてが受け入れられ、1992年1月6日にティルベリスは、125年の歴史ある『バザー』の編集長になった。

ティルベリスは、1947年9月イングランド西部に位置するバースの眼科医の家庭に生まれた。レスター・ポリテクニックの学生のとき、イギリス版『ヴォーグ』のタレントコンテストのエッセイ部門で2位に入賞し、ロンドンへの交通費と週25ポンドのインターンの権利を獲得した。インターンでは、お茶汲みや撮影の手伝いが主な仕事で、アイロンをかける仕事では生地のことが学べたという。また、バースの『イブニング・クロニクル』でファッションの記事を書いていた。大学を卒業するとインターン先のイギリス版『ヴォーグ』のアシスタントに採用され、ファッションの編集者としての道を歩み始めた。

現アメリカ版『ヴォーグ』の辣腕編集長アナ・ウィンターのアメリカナイズされた編集方針で息を吹き返していたイギリス版『ヴォーグ』であったが、ウィンターが『ハウス＆ガーデンマガジン』の編集長としてニューヨークに転居したのを機に、1987年ティルベリスは、エグゼクティブエディターとなり、イギリスらしいウイットに富んだモード誌に立て直すことになった。その活躍ぶりは、以前から親交のあったプリンスオブウエールズのダイアナ妃を1990年12月号の表紙に起用するなど、話題性のある企画で活性化を図り業績を伸ばしたことからもうかがえる。翌1991年にはコンデナスト社の重役に就任した。

ティルベリスが『ハーパーズ バザー』（以下『バザー』とする）に移籍した経緯は前述の通りだが、移籍以前にアメリカのアパレル企業のラルフ・ローレン社とハースト社から引き抜きの話が持ち上がっていた。それを知った、コンデナスト・ヨーロッパ事業を取り仕切るジョナサン・ニューハウスは、ティルベリスに昇給の予定があることと、それを断ったら2度とコンデナスト社で働けないことを告げた。コンデナスト社は、オファーを断った人物に対して容赦なかった。カーメル・スノーが『ヴォーグ』から『バザー』に移籍したときも同じように、2度とコンデナスト社の重鎮と言葉を交わすことはなかったという。コンデナスト社は特に厳しい掟を設けていることでも有名だ。

1992年ティルベリスによるリニューアル号は、リトルブラックドレスを着たリンダ・エバンジェリスタと「エレガンスの時代へようこそ」の文字のみという洗練された表紙でスタートした。編集長の次に影響力のあるアートディレクターには、イタリア版『ヴォーグ』からファビアン・バロンがやってきた。コンデナスト社と違い、自由にクリエイトできることを理由に、写真家のパトリック・デマルシェリエやピーター・リンドバーグも参加した。ファビアン・バロンのデザインと相俟って『バザー』は、知的でエレガントなモード誌との評判を得ることになった。当時スーパーモデルブームを起こしたリンダ・エバンジェリスタ、ナオミ・キャンベル、クリスティー・ターリントン、ケイト・モスなどが誌面に登場し、奇をてらうことなく日常的なシチュエーションでファッションストーリーを展開した。

新創刊1年目にして『バザー』は、ナショナル・マガジン・アワードのファッション賞を受賞した。12月のクリスマスシーズンに250人のセレブ、デザイナー、モデルを招待して受賞パーティがティルベリスの自宅で開かれた。翌日ティルベリスは、卵巣癌の手術を受けることになっていたのは誰にも知らされていなかった。そこからティルベリスの病気と仕事のサバイバルが始まった。化学治療を受けながら、編集部へ向かい、紙面作りに情熱を傾けた。1994年には再びダイアナ妃を表紙に登場させ話題となった。また、ヒラリー・ロダム・クリントン神父とともに「エイズ・キッズ・フォー・キッズ カンパニー」の共同議長となり、エイズに苦しむ子どもたちを支援した。1997年には卵巣癌研究基金の会長も務め、病気とも戦い続けた。その模様は『NO TIME TO DIE』という著書に記した。

1999年4月、最後まで校正紙をチェックしていたというほど、編集の仕事を、モードを、愛していたティルベリスは逝去した。6月にはファッション協議会のCFDA（カウンシル・オブ・ファッションデザイナーズ・オブ・アメリカ）より人道賞が贈られたが、亡くなる前に彼女の功績を讃えて授与されることが決まっていたという。アメリカ版『ハーパーズ バザー』1999年9月号はティルベリスの追悼号となった。その号すべての編集ページにも広告のページにも追悼の言葉が記されていた。ハースト社も『ニューヨ

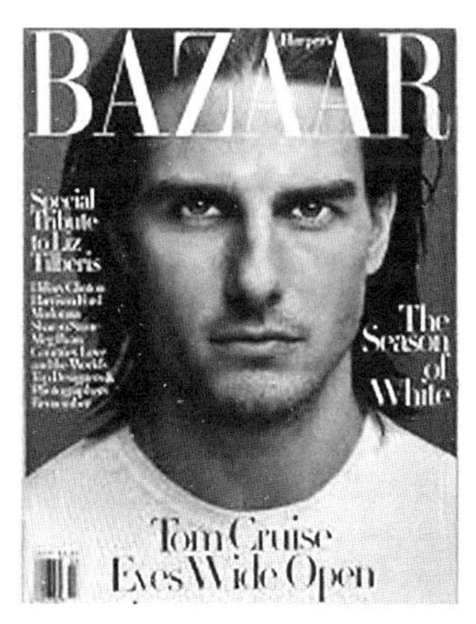

1999年アメリカ版『ハーパーズ バザー』リズ・ティルベリス追悼号

ークタイムズ紙』に異例の1ページ広告で、その死を悼んだ。ティルベリスが、いかに多くの人に愛されていたかが垣間見られる。

4. アナ・ウィンター（Anna Wintour）

アナ・ウィンターは、1949年11月3日ロンドンで誕生した。雑誌『イヴニング・スタンダード』誌編集長の父と、ハーバード大学教授の娘だった母という家庭に育ち、幼いころから教養とおしゃれのセンスを身に付けた早熟な子どもだった。父は、アナが窮屈な学校の授業を受けるより、世の中でおきていることに興味があることを見抜き15歳のときに、ロンドンで最もトレンディなブティックBIBAで働く手はずを整えてくれた。60年代のロンドンは、“スインギング60's”と呼ばれ、若者たちのカウンターカルチャーが席巻していた。その後老舗の百貨店ハロッズのトレーニングプログラムに参加し本格的にファッション界へ足を踏み入れていった。

インクで手が汚れることを嫌って新聞社へは興味を示さなかったアナだが、しだいに父の影響を受けるようになり、メディアに関心を持つようになった。

1970年『ハーパーズ&クィーン』の編集アシスタントの仕事を手に入れると、元来自立、自尊心の強いアナは、アシスタントの身分であっても自説を曲げず度々編集部の人々と衝突していたという。その傾向は現在も続き、そこが、アナのアナたる所以でもあるのだ。『ハーパーズ&クィーン』を辞職してニューヨークへ渡ったアナは、ハースト社のアメリカ版『ハーパーズ バザー』のジュニアファッションエディターの職を得たが9ヵ月で解雇された。その理由は、イギリス人特有のエッジィな感性にあり、コンサバティブなハースト社の社風に合わなかったからとされている。その後、『ペントハウス』（『プレーボーイ』と双璧をなしていた男性誌）を発刊する出版社の若い女性をターゲットにした『ヴィヴァ』のファッションエディターになった。ところが、1980年1月号で廃刊となりまた職を失うが、同じタイミングで創刊になる『サヴィー』でフリーランスのファッションエディターとなった。『ヴィヴァ』と違い『サヴィー』

は当時注目され始めたエグゼクティブなキャリアウーマンを対象にした雑誌だった。アナは雑誌界に足を踏み入れたときからアメリカ版『ヴォーグ』の編集者を目指していただけに、キャリアアップのチャンスは逃さない臭覚を持ち合わせていた。次の階段は週刊誌『ニューヨーク』のファッションエディターだった。

1983年アナは、ついにアメリカ版『ヴォーグ』のクリエイティブディレクターとしてヴォーグの一員となった。当時の編集長グレース・ミラベラ率いる『ヴォーグ』は、アナにはモード感に欠ける、時代遅れの雑誌に思えた。ミラベラに代わって自分が編集長になる日が来るに違いないと思っていたという。アナはアメリカ版『ヴォーグ』の編集長に就任するまでに、イギリスへ戻り、保守的なイギリス版『ヴォーグ』を若返らせる任務に就いた。編集部には、のちにアメリカ版『ヴォーグ』で右腕となるグレース・コディントンとライバル誌の編集長になるリズ・ティルベリスがいた。1986年編集長の座に就き、働く女性にむけたコンテンポラリーな雑誌にするべく、大改革を試みた。周りからの風当たりなど気にも留めず、前へ推し進めるのがアナの流儀だった。一定の成果が出るとイギリス版『ヴォーグ』の編集長の座をリズ・ティルベリスに譲り、ニューヨークのコンデナスト社に戻ることになった。すべては最終目的のアメリカ版『ヴォーグ』編集長への道につなげるためだった。社長のニューハウスとアートディレクターのアレクサンダー・リバーマンは、第一段階としてアナにコンデナスト社の二枚看板のひとつ『ハウス・アンド・ガーデン』の編集長の席を用意した。編集長となったアナの最初の仕事は、誌名を『HG』と変えることだった。雑誌にとって、誌名や誌名のフォントを変えることは、大きな賭けであり成功を確信しない限り踏み切れないほど重大である。それをできるのがアナなのだ。

1985年創刊したアメリカ版『エル』は、販売部数、広告集公ともに好調な滑り出しだった。そのことに危機感を募らせたコンデナスト社の首脳陣は、ミラベラ『ヴォーグ』を刷新し新しい時代の『ヴォーグ』を提案できる編集長が必要になった。38歳のアナ・ウィンターに白羽の矢が立った。ニューハウスは編集長の交代を入念に計画しミラベラの役目が終わり、アナの時代が始まったことを端的に告げた。

アナが編集長に就任して初となる1988年11月号の表紙は、快活な笑顔のモデルがクリスチャン・ラクロアのラグジュアリーなTシャツとジーンズを無造作に着こなしたものだった。ラグジュアリーでゴージャスな『ヴォーグ』の表紙にジーンズが登場したのはこれが初めてのことだった。90年代に入るとファッションはリアルクローズの時代になる。ベイシックなアイテムを一工夫して、自分らしいおしゃれ提案が得意な『エル』に負けじと、『ヴォーグ』もリアルクローズを提案した。

アナのアシスタントをしていたローレン・ワイズバーガーが退職後書いた小説『プラダを着た悪魔』は2006年映画化された。人使いが荒く、編集部員のスタイルが悪いとモード誌で働く資格がないと言い放つ『ランウェイ』誌のミランダ編集長をメリル・ストリープが好演した。誰もがアナをモデルにした映画だと噂したが、それに対してアナはきっぱりと「NO！」と言い、3年後の2009年アナ・ウィンターと編集部に密着したドキュメント映画『The September Issue――ファッションが教えてくれること』を発表し、編集部の実態をあきらかにした。その映画でその制作工程が描かれていた2007年9月号は、アメリカ版『ヴォーグ』始まって以来のヴォリューム870ページを記録し、アナの実力を見せつけた。世界を震撼させた経済危機リーマンショックの年にはさすがに、ページ数を落とすことになるが、2012年9月号では916ページと記録を更新した。

コレクションを前にしてデザイナーは、アナのアドバイスを受けたがっていた。コレクション当日は、アナのアドバイスが反映されたショーが開催される。アナの言葉は、ビジネスに直結することを誰もが信じ、結果が付いてくるからだ。歴代の『ヴォーグ』編集長のなかで最もビジネスの才に長けていると、アナはいわれている。現在、コンデナスト社全体のクリエイティブディレクターとアメリカ版『ヴォーグ』の編集長を兼務している。

5. カリーヌ・ロワトフェルド (Carine Roitfeld)

1954年パリに生まれたカリーヌ・ロワトフェルド（以下カリーヌ）は、映画プロデューサーだったロシア人の父の影響もあり、彼女が作るモードページはイマジネーションにあふれ、見るものを飽きさせないことで定評がある。

セクシーで印象的なスモーキーアイを持つカリーヌは、街でスカウトされて18歳でモデルになると、撮影現場の雰囲気、服の捉え方、身のこなしによる表現の仕方を肌で感じる、モードの洗礼を受けたという。その後スタイリストという職業に興味を持ち、20代でかかわったフランス版『エル』の仕事をきっかけに、60歳を過ぎた現在も世界的なファッションエディターとして活躍し続けている。フリーのスタイリスト時代には、パリで撮影される『エル・ジャポン』の仕事もしていたというから、当時から好奇心とグローバルな視野を持ち合わせていたことがうかがえる。スタイリストは主にフリーランスの仕事で、ファッションエディターは、スタイリングもするエディター（編集者）を指し、欧米のモード誌の編集部では通常このシステムがあたりまえだが、日本ではモード誌でもスタイリングはフリーランスに任せることが多い。

カリーヌの夫は、エキップモンというパリを代表するシャツブランドを経営していた。エキップモンのシャツは、80年代半ば日本に上陸し、無造作に羽織るだけでパリジェンヌの雰囲気を醸し出すとおしゃれな女性たちを虜にした。何の変哲もないシンプルなシャツなのにスタイリッシュ、まさに若いころのカリーヌのイメージだった。

カリーヌは、フランス版『エル』のファッションエディターの傍ら、1994年グッチのクリエイティヴディレクターに就任したトム・フォードのミューズ（デザイナーにとって理想的な女性を意味する）として、クリエーションをサポートした。男性デザイナーにとってミューズとは、自分が描こうとする女性のイメージを備えた女性を意味する。トム・フォードにとってカリーヌは、ミューズであり、モードのアドバイザーでもあり、スタイリストとして広告制作にもかかわる重要な存在だった。

その後、2001年にコンデナスト社のオファーを受けてフランス版『ヴォーグ』の編集長に就任する。アナ・ウィンターが編集長に就任したアメリカ版『ヴォーグ』は、ラグジュアリーブランドがデザイナー交代により若返りに成功しているように、ハイブランドをカジュアルダウンすることで読者の若返りを図り、これも成功を収めた。モードのお膝元、フランス版『ヴォーグ』にとっても、時代の変化に対応できる編集長が必要となり、カリーヌに白羽の矢が立った。ファッションエディターとしてのキャリアもあり、誰もが認めるファッションアイコンとして、影響力のあるカリーヌは、たちまちときの人となった。誌面では自らスタイリストを務め、気鋭のフォトグラファー、マリオ・テスティーノとファッションストーリーを毎号展開した。エロティックで挑発的しかもエレガントなカリーヌのスタイリングは「ポルノ・シック」と呼ばれ、カリーヌにしか表現できないスタイルと賞賛されている。

編集長就任から10年後の2011年、副編集だったエマニュアル・アルトに後を任せ、突如編集長を辞任した。現在は、自身のイニシャルCRをタイトルにした、モード誌の編集長を務めている。

『CR』を始めた経緯や、モードに対する情熱、私生活までがドキュメント映画『マドモアゼルC』で描かれている。また、アメリカ版『ハーパーズ バザー』のグローバルファッションディレクターも務めている。2015年秋冬シーズンからユニクロとのコラボレーションがスタートし話題を呼んでいる。

6. 山崎真子（Mako Yamazaki）

1980年代の初旬、パリコレに通い始めた筆者は、コレクション会場で、フランス人のエディターたちと和やかに会話をしている小柄な日本人女性の姿を目にした。その女性こそ、単身パリへ渡り、海外のモード誌のエディターから日本人で初めて副編集長になった、山崎真子（以下山崎とする）だった。

モード界では高田賢三、森英恵、川久保玲、三宅一生、山本耀司をはじめ多くの日本人デザイナーが今も活躍している。しかし、出版界に入っていくのは至難の業だ。フランス版『ヴォーグ』で日本の企業や出版社をつなぐコレスポンデントを務めた松本弘子を除けば、山崎は唯一40年間マリ・クレール アルバム社というフランスの出版社で欧米の女性編集者たちと互角に渡り合い、ファッションエディターを続けた日本人なのだ。

パリ発・モード・トピックス

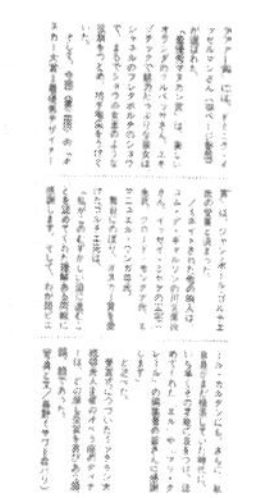

山崎真子

女子美術短期大学を卒業後、山崎は目白のオートクチュール「フルール」に勤めた。そのオーナー森茂氏に勧められてパリへ行くことにしたが、それまではパリに行こうとは夢にも思っていなかったという。船と飛行機と汽車を乗り継ぎ10日間かけてパリの北駅にたどり着いた。

パリについて2ヵ月後にデザイン会社に入社したが、言葉が通じず困っていたところに高田賢三が通訳をしてくれたおかげで無事就職が決まった。その後高田賢三は独立して、プレタポルテの寵児となり、パリのモード界に新風を送った。山崎は、日本人フォトグラファーに請われて撮影の手伝いをしたことからスタイリストの道を歩み始めた。その後、姉がフランス版『マリ・クレール』のモード副編集長をしているという、スタイリスト仲間の紹介で、山崎はフリーランスとして1977年フランス版『マリ・クレール』の仕事をするようになった。初めてのモード撮影は、今では大御所フォトグラファーとなった、新人パオロ・ロベルシとの仕事だった。

1985年山崎はフランス版『マリ・クレール』（以下『マリ・クレール』とする）を

フランス版『マリ・クレール』のカバー

発刊するマリ・クレール アルバム社に入社しファッションエディターとなった。当時『マリ・クレール』を率いていたモードの編集長クロード・ブルエは、フランス版『エル』の編集者を経て、『マリ・クレール』へ移り、パリでは有名編集者だった。実際『マリ・クレール』のモードページは、パリのモード界の活況と共鳴するかのように、若々しく活気にあふれていた。パリコレでは、No.1 モード誌の編集長がショー会場の席に着くまで、ショーは始まらないとよくいわれるが、まさに80年代はクロード・ブルエの時代だった。その編集長のお眼鏡に叶い、山崎は『マリ・クレール』きってのファッションエディターになっていった。筆者も当時日本版『マリ・クレール』の仕事をしており、山崎と知り合うことができた。

山崎にファッションエディターの仕事について尋ねると、フランスのファッションエディターの仕事とは、ニューヨーク、ロンドン、ミラノ、パリのコレクションを見て、次のシーズンの新しい傾向、ファッションストーリーのヒントになる服、新人モデル等をノートして、このノートを参考に次のシーズンのファッションストーリーを考えるのが大きな仕事であると答えた。副編集長になると、編集長と各号のファッションページのテーマのバランスを考え、広告を提供してくれるメゾンのチェックをすることが主な仕事になった。ファッション撮影で一番大切なことは、当然だが良い写真を撮ること、テーマによってスタジオかロケかを考え、カメラマンを決める。その後は、カメラマンと相談して、マヌカン、ヘア＆メーク、撮影場所を決めて、テーマに合う洋服が集まると、撮影現場に赴く。写真が上がるとカメラマンが数枚選んだなかから、アートディレクターと使用する１枚を選びレイアウトを検討する、というのが大まかな流れだ。

『マリ・クレール・ビズ』

筆者はパリコレに出かけるたびに、新人のころのピーター・リンドバーグ、すでに『マリ・クレール』の看板女流フォトグラファーとなっていたサシャ、もうひとりの女流フォトグラファーのサラ・ムーン、前出のパオロ・ロベルシとの撮影の模様を山崎に聞くのが楽しみだった。そのたびに、コストパフォーマンスを重視する日本のモード誌との違いを痛感してはため息をついていた。山崎に１番心に残った撮影について尋ねると「ケニアの高原ワイルドライフ保護地区は、いろいろな野生動物が共存して、まるで楽園で撮影しているようだったわ」と振り返った。

80年代のパリコレの活性化に貢献したのは、何と言ってもコム デ ギャルソンの川久保玲とワイズの山本耀司、70年代にすでにパリコレに参加していた三宅一生、３人の日本人デザイナーだった。山崎は、1979年にパリ進出を目指していた川久保玲に請われてカタログを、サラ・ムーンと撮影をしたのがコム デ ギャルソンの初めての仕事だった。その後、ショーのスタイリングの手伝いと、カタログを数年間作成した。三宅一生とは、60年代後半からパリ在住のモード関係者が文化出版のパリ支局に集まり、食事会をしていたころからの知り合いだという。

一時山崎真子は『マリ・クレール』を離れ、フリーランスとして『マリ・クレール ビス』、『マリ・クレール イタリー』、『マリ・クレール イングリッシュ』の仕事をしていた。1995年『マリ・クレール』のディレクター、ジャック・ガレに編集部に戻るように言われモードの副編集長となり、2014年に退職するまで務めた。現在は、パリ6区サンジェルマンに住み、週末にはモネの「睡蓮」の絵で知られるジベルニーの近くの田舎の家へ娘夫婦や孫たちと出かけては、野菜や花を育てのんびりと暮らしている。

※現在、『マリ・クレール スタイル』のサイトで「パリでお仕事」という連載を執筆中。

http://www.afpbb.com/subcategory/yamazaki-rensai

第７部

20 世紀パリモードの変遷

19 世紀末までは、流行のファッションは一部の王侯貴族や富裕層だけが享受できる、特別なものだった。ところが、封建的な社会から民主主義社会へ舵が切られると、一般人もおしゃれを楽しめるようになった。それから１世紀半の時を経て、ファッションがどのように進化したかを見てみると、女性の社会進出と深い関係があることがわかる。ここでは、主にモードの都と呼ばれるパリモードを中心にファッションの変遷を語ることにする。

モードと時代の流れの基礎知識を身につけることで、モードとモード誌との関係を読み解く参考となるに違いない。

1. コルセットからの解放

1847年18歳のイギリス人、シャルル・フレデリック・ウォルト（英語読みではチャールズ・フレデリック・ワースとなる、以下ウォルトとする）が、仕事を求めてパリに移り住み、1858年、当時建築予定だったオペラ座の近くのラペ通り7番地に、スウェーデン出身のオットー・ギュスターヴ・ボベルクとともに、“ウォルト・エ・ボベルク ドレス、マントの製造、絹製品、高級流行品商”という店舗をオープンした。その後、ナポレオン3世の妃ウジェニーはウォルトがデザインしたドレスを愛用するようになった。1864年にウジェニー妃の御用達クチュリエとなったウォルトのメゾンは、ヨーロッパの王侯貴族、ブルジョワジー、アメリカの富裕層が顧客となり大いに栄えた。

ウォルト以前のドレスメーカーは顧客のニーズに応える技術者だったが、ウォルトは自らのデザインやドレスを顧客に勧めるクチュリエ（創造者）だった。あらかじめデザインされたものをモデルが着用してプレゼンテーションし注文を取り、顧客のサイズに合う服を仕立てた。彼によりオートクチュールのビジネスモデルが完成した。

ただ、ウォルトのドレスは、斬新なデザインで女性たちを魅了したが、コルセットでウエストを締めつけ女性のボディラインを際立たせる旧態依然としたデザインのものであった。コルセットは、男性が求める「女性らしさ」であり、労働を必要としない裕福で身分の高い女性が着用するものだった。つまり、女性は男性に属し自立するものでないと考える時代の象徴だったのだ。

ウォルトのメゾンを経て、ポール・ポワレ（以下ポワレとする）は、1904年独立しクチュールメゾンを開いた。ウォルトをクチュリエの師として尊敬していたポワレだったが、クリエーションの面でウォルトを完全否定する。ポワレは、古代ギリシャやナポレオンによる統領政府時代（ディレクトワール）に見られる、バストで切り替え、バストの下からウエストを絞らず自然に下へ落ちていく細長いシルエットのドレスを発表した。また、1906年に発表した「孔子コート」は、当時のパリを席巻していたジャポニズムの影響を思わせる。孔子コートといえば中国趣味と思いがちだが、写真を見る限りでは、きものの打掛の形状に近い。19世紀末に何度か開催されたパリ万博以来、東洋の文化が欧州に流入しブームを巻き起こしていた。きものもやはりくびれのない、筒状のシルエットだけに、影響を与えていたとしても不思議ではない。

ファッション界では、女性の身体をコルセットから解放したのはポール・ポワレだといわれておりそのことに異論はないが、時代のムードが女性の社会進出を容認し、労働に適さないコルセットは必然的にその役目を終えていったからだともいえる。同時期に活躍した、マドレーヌ・ヴィオネもシャネルもポワレに追従したわけではなく、女性の時代を謳歌する自由な気分をデザインに表わしていた。

2. 女性デザイナーの時代

19世紀末になると、女性クチュリエールたちは自立の道を歩み始める。

今もパリコレクションをおこない、変わらぬ人気を誇るランバンは、1889年ジャンヌ・ランバンによって起業されたメゾンだ。帽子屋からスタートしたのだが、ランバンの娘が着ている服と同じものを作ってほしいという希望に応え、子ども服を作るようになり、さらに大人の女性のドレスを手がけるようになってビジネスを拡大させていった。女性デザイナー独特のしなやかな感性のドレスは、当時の女性のニーズに応え人気を博した。ランバンは、当時の女性としては珍しいビジネスセンスの持ち主だったという。キャリアウーマンのはしりといえるだろう。

1912年マドレーヌ・ヴィオネは、セーヌ川沿いのリボリ通りにメゾンをオープンした。ヴィオネは、コルセットから女性を解放したばかりか、布地を45度回転して裁断するバイヤス裁ちをすることで服に伸縮性が生まれることを発見、現在のストレッチ素材の効果を見いだした。女性たちはヴィオネの服を着て伸びやかに身体を動かすことができたのだ。バイヤス裁ちを生かした実用的で斬新なデザインの服は、当時のトレンディな女性たちを虜にしたに違いない。

ヴィオネがメゾンを開いたころ、パリのカンボン通りでココ・シャネル（以下シャネルとする）は帽子屋を始めた。女性デザイナーのランバンやシャネルが帽子屋からビジネスをスタートさせたのは、当時外出の際に必ず着用する帽子は、素材の在庫管理もしやすく、人目につきやすく、デザイナーの個性が一目瞭然、洋服より少ない資金で始められたからではないかと推測される。その後、北フランスの避暑地ドーヴィル、大西洋岸のビアリッツにショップを開店し、そこで扱っていたリゾート先で着る海浜着は注目を集めた。

その後、シャネルは、喪服の色として忌み嫌われていた黒が女性を美しく見せる色だと主張し、アメリカのフォード車のように誰からも愛される、シンプルなデザインのリトルブラックドレスを発表するとアメリカ版『ヴォーグ』に掲載され全米でヒットした。また、恋人のツイードのジャケットを着ると、その軽さと暖かさに関心を寄せ、のちにシャネルスーツの素材に取り入れた。また、女性が活動しやすいように、ショルダーバッグ＝シャネルバッグを考案したり、模造品と本物のジュエリーをミックスで使うことなど、 シャネルのモードには女性が自由な発想で、快適に暮らすためのアイディアがいくつもちりばめられていた。

ローマの裕福な家庭に生まれたエルザ・スキャパレリ（以下スキャパレリとする）は、1925年にパリで、小さな洋品店を任せられた。スキャパレリが作る服は、本来持ち合わせていた芸術的なセンスと、アメリカで経験した生活様式を生かしたモダンなものだった。また、モダンアート界の寵児といわれたアンドレ・ブルトンのシュールレアリズム宣言をはじめとするシュールレアリズムの活動は、スキャパレリのモードに多大な影響を与えた。

余談だが孤児院で育ち、自分の力で未来を切り開いたシャネルは、羨望からか、恵まれた環境で育ったスキャパレリに異常なほど敵対心をあらわにしたという。

このように、1910年代～1930年代は、個性豊かな女性デザイナーが自分の名前でブランドをおこし、社会進出を果たした時代といえる。

3. オートクチュール全盛の時代

世界を巻き込み国々を疲弊させた第2次世界大戦が終結すると、パリのモード界にも活気が戻ってきた。終戦間もない1945年3月に、パリの装飾美術館で70cmの人形を180体作りそれぞれのシーンに合った衣装を着せた「モードの劇場」と名付けられた展覧会が開かれた。その展覧会は、フランスを代表する画家であり舞台装置家のクリスチャン・ベラールやジャン・コクトーらの監修のもと、職人たちの手技を駆使し、モード産業が健在であることをアピールする目的があった。さらに女性たちの心に、おしゃれの火を灯したのは、クリスチャン・ディオールだった。

リュシアン・ルロンのアトリエで、アシスタントをしていたクリスチャン・ディオールは、繊維王のマルセル・ブサックの資金援助を受け、1947年アヴェニュー モンテーニュ30番地にメゾンを設立した。その年の2月「カローラ(花冠)・ライン」をテーマに、花のようにエレガントな女性をイメージした初のコレクションを開いた。オフホワイトのバージャケット(ディオールのアイコンアイテムのひとつになった)に、たっぷり布を使ったスカートのスタイルを目にした、アメリカ版『ハーパーズ バザー』のカーメル・スノー編集長が、発したディオールの“ニュールック”はその日のうちに配信され、世界中に知れ渡った。「ニュールック」とともに、オートクチュール全盛の時代の幕が上がったといえる。

ディオールが発表するAやYライン(シルエットと同意語)は、エレガントでモダンな女性像を表現し、おしゃれに飢えていた女性の心をつかむにはそれほど時間がかからなかった。ディオールは、アメリカ経済の活況に促されるように、オートクチュールを中心に、香水、プレタポルテ、ブティックライン、ライセンス事業と新しいブランドビジネスをアメリカで展開した。日本でも、1953年大丸百貨店とオートクチュール部門の独占契約を結び、カネボウとのプレタポルテ部門、その他の企業との日用雑貨などのライセンスビジネスもスタートした。

戦後のモード界を牽引したのは、互いの才能を認め合ったディオールとバレンシアガだ。スペインのバスク州に生まれたクリストバル・バレンシアガは、大西洋に面したサン・セバスチャンでメゾンを開設するがスペインの内戦を避けて、1937年パリのジョルジュ・サンク通りにメゾンを移した。バレンシアガは、チュニックドレスやサック・ドレスなど構築的でモダンなフォルムを得意とし、アメリカ版『ハーパーズ バザー』編集長のカーメル・スノーや美貌と気品を備えたファッションアイコンのグロリア・ギネスなどが顧客リストに名を連ねていた。女性にエレガンスと完璧な装いを与えることを使命としたバレンシアガの服作りをスノーは「モードの極み」と表現した。またバレンシアガは、採寸から縫製まですべてをひとりでこなせる唯一のクチュリエと、ココ・シャネルも称賛した（多くのクチュリエはデザイン画は描けても、縫うことはできなかった）。

バレンシアガは、プレタポルテもライセンス事業のオファーも拒み、純粋にひとりの女性のための服作り＝オートクチュールに専念し、プレタポルテは容認しがたいとメゾンを閉めた。

パリのモード界を牽引するディオールの活躍を快く思わないデザイナーもいたという。ココ・シャネルもそのひとりだった。女性の社会進出のために、ウエストからコルセットを外したのに、ニュールックともてはやされたディオールの服は、時代を逆行させるものだとフェミニストの間では、批判が相次いだ。ディオールの活躍に異議申し立てするかのように、1954年、15年間の休業ののちシャネルは71歳にして、再びメゾンを再開した。今も女性たちに愛されているツィードのシャネルスーツはこの年に誕生した。

敵国ドイツの将校と暮らしていたシャネルは、スパイの容疑をかけられフランス人の国民感情を逆なでしていた。それを押しての再開に、フランスのメディアからは総スカンをくったが、そのようなことに屈しないシャネルは、2度目のコレクションを開いた。当時のモードと女性が求めていた機能性を兼ね備えたシャネルスーツは、まずアメリカの女性たちに受け入れられ、フランスのメディアも無視できなくなった。

さらに、1957年ディオールが旅行先で急逝したためメゾンを引き継いだ、弱冠21歳のイヴ・マチュー・サンローランの才能が世に知らしめられたことも、オートクチュール界を盛り上げる一因となった。

4. ストリートファッションがモードを超えた時代

60年代のロンドンは、"スインギング60's"と呼ばれ、（世界のポップカルチャーの中心だった。ファッション、映画、アート、写真、音楽）ビートルズ、ローリング・ストーンズ、ジミー・ヘンドリックスが世界のミュージックシーンを沸かせ、若者に影響を与えていた。その流れを汲みファッション界にもエポックメイキングな波が押し寄せた。

街にたむろする若者たちは、自分たちの価値観で生み出したストリートファッションを楽しんでいた。そのストリートファッションを牽引したのが、ロンドンに登場したマリー・クワントと、BIBAだった。

マリー・クワントは、1955年ロンドンの高級住宅街キングスロードに「バザー」という若者向けのブティックをオープンした。巷で若者が履いていたミニスカートに目を留めミニ丈のサックドレスを発表した。それが、当時ロンドンを席巻していたポップカルチャーを体現するチェルシーガールたちの心をつかんだのだ。しかも、大量生産のラインに乗った、安価で若者も手に入れやすい価格のものだけに、尚のことだった。クワントは、ミニスカートの生みの親とモード界でも認知されることとなった。それを印象付けたのが、華奢なモデル、ツイギーの存在だった。モード界のモデルといえば、スレンダーでありながら、豊かなバストとヒップを持つメリハリのあるボディラインが必須条件だった。ところが、ツイギーは、木の枝のように凹凸のないボディの持ち主だった。そのプロポーションで着るミニスカートは、それまでにないモード感のあるシルエットを描き出したのだ。またバーバラ・フラキーニは、1964年にヴィンテージ感のあるロマンティックなムードの安価な服を取り揃えたブティック「BIBA」をオープンし、クワントの「バザー」とともにスインギングロンドンのファッションを代表した。

そうして、ロンドンの若者文化に刺激を受けたクチュリエがいた。バレンシアガのメゾンから独立したアンドレ・クレージュだ。1965年クレージュが提案したミニスカートは、40歳代以上の顧客が着ても、若々しく見える巧みなカッティングのクチュールの服だった。クレージュと時を同じくして、パリのクチュール界に新風を送ったピエール・カルダンは、宇宙時代を先取りしたコスモコールと名付けられたスタイルで話題を呼び、若々しいミニスカートのモデルたちがランウェイに登場した。

従来、モードのトレンドはオートクチュールが発信するものだったが、60年代のロンドンに吹いたサブカルチャーの風は、モード界の常識を覆すパワーがあったのだ。

5. プレタポルテの時代

1968年パリは、五月革命によって混沌としていた。5月2日に大学の民主化を訴え、カルチェラタンでは学生による大規模なデモがおこなわれた。その後ベトナム戦争とプラハの春事件に反対して、学生と労働者1000万人が集結してゼネストに入った。鎮圧に動いた治安部隊が、参加者を殴打したことをきっかけに、工場も大学もストライキに入り、交通機関はすべて麻痺しフランスは国家的な危機を迎えた。

すでにその兆しを感じていたイヴ・サンローランは、オートクチュール的な特権階級だけがモードを享受する時代は終わり、誰もがモードを楽しめる民主化の時代にやってくることを痛感したという。時代の空気をいち早く察知する能力にも長けていたサンローランは、1966年にパリのセーヌ川左岸にプレタポルテのブティック、サンローラン リヴ・ゴーシュを開いた。

パリのファッションシステムのなかには、すでにプレタポルテの概念は存在し、一部では機能していたが、あくまでもオートクチュールの補完でしかなかった。ところが、オートクチュールメゾンの多くは赤字に苦しみ始め、新たなビジネス（香水やライセンス事業など）に着手しなければ成り立たないことを実感していた。

その事実を直視し、素早く動いたのがイヴ・サンローランだ。サンローランは、ディオールの主任デザイナーを退いた後、生涯のパートナーとなるピエール・ベルジェの助けを借りて、マルソー通りに1962年オートクチュールのサロンを開いた。ディオールの後を引き継ぎ1回目のコレクションでは、ディオールの意志を継ぐようにトラペーズ（台形）ラインを発表し、世界から絶賛された。独立後も、スモーキング、シースルー、サファリジャケットなど、女性の社会進出と地位の向上を目指すための服を提案し先進的な女性たちの心をつかんだ。年に2回春夏と秋冬コレクションを、オートクチュールとプレタポルテで発表した。日本では、西武百貨店が独占契約をし、オートクチュールのライセンス、リヴ・ゴーシュのブティックを東京、大阪、札幌に開店し、ライセンス事業、コスメと幅広く展開した。

サンディカ（Fédération Française de la Couture du Prêt-à-Porter des Couturiers et des Créateurs de Mode）が主導するプレタポルテのコレクションは、1973年に3月の秋冬コレクション、10月の春夏コレクションと本格的に開かれるようになった。

高田賢三は、1965年渡仏しテキスタイルの会社に勤めていたが、1970年プレタポルテのブティック「ジャングルジャップ」をギャラリー・ヴィヴィエンヌ（パリ2区）に開いた。パリを拠点に仕事をし、フランス人の間ではケンゾーの愛称で呼ばれ愛された。ケンゾーの作品は、西洋の衣服文化に日本の文化をミックスしたもので、オリジナリティーにあふれるスタイルはたちまち、パリジェンヌを魅了し、ほどなくフランス版『エル』の表紙を飾るという快挙も成し遂げた。70年代のプレタポルテシーンは、ケンゾーとサンローランの時代といわれるほどだった。当時注目を集めたプレタポルテのデザイナーとしてソニア・リキエル、クロエのカール・ラガーフェルドを忘れてはならない。

70年代になるとビジネス面でもトレンドの発信力でもプレタポルテにとって代わられ、オートクチュールは、ブランドのシンボル的な存在になっていった。

6. モードの価値観を変えた日本人デザイナーの時代

パリコレクションと日本人デザイナーの関係は、高田賢三に始まったといえる。しかし、高田賢三はパリを拠点に活動したので、フランス人からも“ケンゾーはパリジャンだ”と言われていた。通常日本人デザイナーは東京を拠点にし、コレクションシーズンにパリへ出かけてショーをおこなうのが慣例なので、ケンゾーがそう呼ばれたのも不思議ではない。

現在は日本だけで展開しているハナエ・モリブランドの創始者森英恵は、アジア人として唯一サンディカよりオートクチュールメゾンを開設することを許されたデザイナーだ。1977年から2004年まで オートクチュールとプレタポルテのコレクションを発表し、ラストショーのマリエ（ウエディングドレス）を森英恵の孫で人気モデルの森泉が着たことで話題となった。

パリコレクション歴が一番長いデザイナーといえば三宅一生だ。世界進出はニューヨークから始まるが、1973年「一枚の布」をコンセプトに、パリコレクションデビューした。一枚の布の発想は、日本のきもの文化がベースにある。いかに美しくボディラインをなぞるかというのが西洋の服の特徴だが、きものは一枚の布を縫い合わせ身体に沿わせて完成する。畳めば布状になる。三宅がデザインする服は、平面状の服にボディを入れると立体となり布とボディの間に美しさが生まれる。新しい美意識に触れた欧米の女性たちを虜にした。

1980年にパリコレクションに登場した、コム デ ギャルソンの川久保玲とワイズの山本耀司、2人の日本人デザイナーのデビューは、世界中のファッション関係者に衝撃を与えた。

川久保の服は、プレタポルテ（高級既製服）という発想にはありえない、ボロボロの穴あきや整然としないヘムラインなど、「美とは程遠いもの」と受け止められた。山本と川久保のファッションは日本でも黒い服の集団＝カラス族と呼ばれ、独特のムードを漂わせていただけに、欧米の人々には、到底理解できない代物だったのだ。ただ「美意識」というのが、今まで目になじんだ既成概念だけではなく、穴のあいた服を着るペーパーバッグレディ（ホームレスの女性）と呼ばれる人のなかにも、黒には、水墨画のように白と黒だけの表現にも鮮やかな美が宿ることを、西洋に知らしめ、新しい価値観で美を表現することを示唆したのだ。

パリの懐の深さはジャーナリズムにも存在し、革新的な『リベラシオン』紙は2人の才能に賛辞を述べ、保守的な『ル フィガロ』紙は、醜悪なものとして酷評した。こうした意見の対立こそが、2人の名前を世界に認知される結果となった。当時、フランス版『マリ・クレール』誌でファッションエディターをしていた山崎真子は、コム デ ギャルソンのカタログ作成とショーの手伝いをし、発想の斬新さを肌で感じていた。モードの副編集長をしていたカトリーヌに、川久保の服を紹介すると、その場で服の真髄を見抜きモードのページに取り上げることになったという。『マリ・クレール』は影響力のあるモード誌のひとつだっただけに、モード界への影響力は大きかった。

どのような酷評にも屈することのない川久保は、自分の信じるクリエーションを続けた。コレクションの人気のバロメーターは、世界から集まるジャーナリストやバイヤーの服装を見ればよくわかる。当時コレクション会場となっていた、ルーブル美術館のクール・カレのテント周辺では、日本人デザイナーの服を着た多くの欧米人を見かけるようになった。

この2人の日本人は、その後パリコレクションに進出する、アントワープ出身のマルタン・マルジェラやアントワープ6と呼ばれたデザイナーたちに大きな影響を与えた。

7. ファッションビジネスが優先される時代

1990年代に入ると、モードのクリエイティビティに対する熱が冷めたように、消費者はリアルクローズを求めるようになった。時期を得たかのようにミラノでは、1988年2月にミウッチャ・プラダがプレタポルテのショーを開いた。上質な素材で飾り気のないシンプルなデザインの服に、そんな服を待ち望んでいたといわんばかりの女性のジャーナリストは拍手を送った。80年代に熱狂したコンセプチャルな服を脱ぎ、気負わず楽に着れてセンスがいい服を着た女性たちが街にあふれるようになった。

1989年ベルナール・アルノーは、LVMH モエ ヘネシー・ルイ・ヴィトングループの過半数の株を取得し、さらにクリスチャン・ディオール社、ユベール・ド・ジバンシィ社、クリスチャン・ラクロワ社、セリーヌ社などを傘下に収めた。1993年にはケンゾー社も買収した（その後、ショーメなどのジュエラーなども加わっていった）。クチュールメゾンや有名プレタポルテの企業は、単独で経営を維持するよりも、コングロマリット（他業種を集めたグループ）により、経営の安定化を図るようになった。

1993年イタリアの老舗ラグジュアリーブランドのグッチは、革新の時を迎えていた。グッチ社からグッチ一族が去った後、CEOになったドメニコ・デ・ソーレはアメリカの高級百貨店バーグドルフ・グッドマンの社長ドン・メローを、副社長兼クリエイティブディレクターに迎え、刷新を図った。メローのアシスタントとしてミラノにやってきたのが、メロー退任後グッチのクリエイティブディレクターに就任したトム・フォードだった。上品だが保守的なイメージが強かったグッチは、トム・フォードの手によって、現代的でトレンディなラグジュアリーブランドに変身した。

パリのクチュールメゾンと一線を画したのが、デザイナーとクリエイティブディレクターの違いだった。デザイナーは、モードに専念するが、クリエイティブディレクターは、モード、ブティック、広告、パッケージ、すべてのイメージを統一するように任せられるのだ。グッチのトム・フォード以降、デザイナーの職域はこのように広がり現在も定着している。

グッチはグッチグループとなり、バレンシアガを買収した。翌年フランソワ・アンリ・ピノ率いるPPR（ピノ・プランタン・ルドゥール）に買収されると、ジュエラーのブシュロン、サンローラン、ボッテガ・ベネタ、ステラ・マッカートニーなどを傘下に収めた。PPRは、百貨店のプランタンや総合小売業のフナックなども含むコングロマリットを形成したPPRは現在ケリングと名前を変更し、ファッション、ジュエリー、スポーツブランドのグループになっている。

老舗と呼ばれたラグジュアリーブランドやクチュールメゾンは、コングロマリットの長の経営戦略に従い、経営基盤の安定を図るために変革を繰り返すシステムが構築された。1990年代以降、老舗ブランドは、カンフル剤を打つかのようにデザイナー（クリエイティブディレクター）を交代することでブランドの刷新を図るようになっていった。そんななか、1998年ルイ・ヴィトンはアメリカから、マーク・ジェイコブスをクリエイティブディレクターに迎え、ブランドのイメージ戦略の一環としてプレタポルテ事業に乗り出した。

若いデザイナーたちは、自分の名前を冠したブランドをおこすより、名の通ったブランドのクリエイティブディレクターを目指すようになっていった（デザイナー交代の資料は、巻末148Pに添付している）。クリエイティブディレクターの仕事は、クリエーションだけではなく、ビジネスセンスも問われるのだ。つまり、デザイナーはブランドのオーナーではないので、契約が切れる前に、才能を認めてくれるブランドへ移っていく時代になったのだ。

8. ラグジュアリー vs. ファストファッションの時代

アメリカを中心に1990年代に始まったIT景気の影響から、21世紀の扉が開くころにモード界は贅を極める機運が高まっていった。メディアも、クロコダイルの何百万円もするバッグや何億円もするジュエリーやオートクチュールのドレスを掲載し、読者の消費感覚と乖離した高級品の記事がページを飾っていた。

日本でもYahoo！、ライブドアなどのインターネット関連企業が隆盛を極め、IT企業の成功者は六本木ヒルズに住むヒルズ族と呼ばれ、IT景気を象徴していたが、2000年には敢えなくバブル崩壊となった。そのような経済状況を横目で見ながら、ラグジュアリーブランドもメディアも読者に対して、「贅沢品はあなたを素敵にする」といった甘い囁きを続けた。

ところが2001年のアメリカ同時多発テロ、2007年アメリカのサブプライム住宅ローンの不良債権の続出、続く2008年の証券大手のリーマンブラザーズが倒産したリーマンショックは、世界中の景気を一気に冷え込ませた。リーマンショックはモード界もメディアをも直撃した。

1990年代のトレンド「リアルクローズ」は、21世紀に入ってからも引き継がれ、奇抜なデザインよりクオリティ重視の傾向が続き価格を引き上げた。高価な服を着ていれば、おしゃれに見えるという暗黙の了解がモード界に定着しつつあった。ところがファッショニスタと呼ばれるおしゃれ上級者にとって、それはおしゃれの流儀には程遠くオリジナリティに欠けるため、おしゃれは価格と比例するという法則を打ち破る必要があった。ちょうどそのころからファストファッションに注目が集まり始めた。安価でトレンドをいち早く取り入れ、時代の気分が楽しめるファストファッションは、コピー商品と紙一重と思われた。ところがファッショニスタたちが、ハイブランドとファストファッションのミックスコーディネートを楽しみ始めると、ファストファッション＝おしゃれと認知されるようになった。

時を同じくして、日本国内で火がついたのがユニクロだった。ヒートテックなどの機能的でミニマムなウエアは、組み合わせが自由で着る人の個性が生かされるということが最大の魅力だった。ユニクロのグローバル化は2004年のニューヨーク、続いてパリと次々に店舗を世界に拡大していった。また、スウェーデンのアパレルメーカーH&Mは、パリやミラノコレクションで発表されたばかりのトレンドをいち早く取り入れ、ハイブランドを買えない若い女性の人気を集めた。その人気が世界的に定着すると、2004年シャネルのデザイナーを務めるカール・ラガーフェルドやコム デ ギャルソンやマルタン・マルジェラなどとコラボレーションしモードなファストファッションと話題を呼んだ。日本においてはH&Mは、リーマンショックの2008年銀座にショッピングビルをオープンし、オープン当日は5,000人の行列ができ話題となった。

リーマンショックでおしゃれ心を失いかけた女性たちに、もう一度おしゃれの楽しさを伝え、景気回復の糸口を模索していたファッション界に一定の効果をもたらしたのがファストファッションだった。ところが、2015年バングラディッシュで、ファストファッションのいくつもの工場が入ったナプラーザビルが崩壊し、多くの犠牲者を出した事件があった。そのビルで劣悪な環境しかも低賃金で多くの女性たちが働いていたことが、社会的な問題となり、ファストファッション業界の闇の部分がクローズアップされた。その事故の4年前にユニクロは、バングラディッシュのグラミン銀行と合弁会社グラミンユニクロを設立し地域経済の活性化をねらった「ソーシャル・ビジネス」を展開している。

ラグジュアリーブランドもまた、地球環境への配慮と社会貢献をおこないつつ企業の成長を考える時代になってきた。また、ブランドの経営者は新しい風をおこしビジネスを好転させるという目的で、クリエイティヴディレクターを交代させる。2010年ころからメディアのデジタル化の波と同じようにデザイナー交代のサイクルは加速度を増し、同時に、ラグジュアリーブランドとストリートブランド、ラグジュアリーと異業種製品とのコラボレーションが盛んにおこなわれている。21世紀のモードは、しばらく交代とハイブリッドがキーワードになっていきそうだ。

結びの言葉

情報の伝達手段は、飛脚便、馬車便、腕木通信（大型の手旗信号）、伝書鳩を経て、19世紀半ばに電信の時代に入るとマスメディア（メディアともいう）と呼ばれる報道機関へと発展してきた。出版社もそのひとつで、書籍や雑誌などの紙媒体で情報を販売する企業として100年以上の歴史を紡いできた。ところがインターネットの発達により、情報が無料で手に入るようになると、マスメディアのあり方も大きく変わろうとしている。

18世紀フランスでファッションを取り扱う『ギャルリ・デ・モード』誌が誕生し、産業革命は印刷技術や写真機をもたらし、一部の特権階級だけが享受していたおしゃれの楽しみが、雑誌を通して多くの女性たちの手元に届くようになった。

20世紀に入ると、女性は自立するために職業を得て経済力を身に付けた。そして自分で得た収入でモード誌を買い、そこに掲載されている夢のようなドレスに心躍らせ想像力を身に付けた。蓄えができるとブティックでドレスを買い、それを着て自分をプロデュースする能力を身に付けた。どんなに時代が変わってもモードはいつも女性に寄り添い、モード誌は女性に夢を与える作業を続けている。

21世紀のモード界もインターネットの普及により大きな影響を受けることになった。パリ、ミラノ、ニューヨーク、東京のコレクション情報はその日のうちに世界中に配信され、誰もがアクセスできるようになったのだ。十数年前までは、メディアが独占していた情報が、である。

デジタル化の波はいたるところに押し寄せ、伝達や表現のシステムを変えようとしている。その変化を受け入れ、対応できる柔軟性がますます必要になってきているようだ。

本書は2015年から2017年にわたりwebサイト『ファッションヘッドライン』

www.fashion-hedline.com/ に連載したものに加筆しまとめた。海外提携誌という括りをモード誌と定義して執筆に臨んだ。それは、筆者が長年かかわってきたモード誌の変遷でもあり、それぞれのモード誌の歴史が過去のものとして埋もれてしまう前に、記録しておく使命を感じたことから始まったものだ。

可能な限りモード誌の歴代編集長を訪ね聞き取り、出版社社長の方々には、出版社の未来を語っていただいた。どなたにも貴重なお時間をいただいたことに深く感謝する。

また、本書のきっかけを作ってくださった、元ファッションヘッドラインの編集長海老原光宏さんとその後を引き継いでくださった現編集長の重松友歌さん、また筆者の企画を引き受け、書籍化に根気よくお付き合いくださった北樹出版の福田千晶さんにもお礼を申し上げたい。

参考文献

赤木洋一『アンアン 1970』(平凡社新書 2007年)
金平聖之助『アメリカの雑誌 1888-1993』(日本経済新聞社 1993年)
川島ルミ子『Yves Saint Laurent "The beginning of a Legend"』(アルク出版 2000年)
オッペンハイマー, ジェリー著、川田志津訳『アナ・ウィンター——ファッション界に君臨する女王の記録』(マーブルトロン 2010年)
椎根　和『popeye 物語——若者を変えた伝説の雑誌』(新潮社 2010年)
清水早苗・NHK 番組制作班編『アンリミテッド：コム デ ギャルソン』(平凡社 2005年)
ディディエ・グランバック著、古賀令子監修、井伊あかり訳『モードの物語——パリ・ブランドはいかにして創られたか』(文化出版局 2013年)
中島純一『増補改訂版 メディアと流行の心理』(金子書房 2013年)
成実弘至『20世紀ファッションの文化史——時代をつくった10人』(河出書房新社 2007年)
野地秩嘉『キャンティ物語』(幻冬舎文庫 1997年)
パラッキーニ, ジャン・ルイージ著、久保耕司訳『PRADA　選ばれる理由』(実業之日本社 2015年)
深井晃子『パリ・コレクション——モードの生成・モードの費消』(講談社現代新書 1993年)
深井晃子『ファッションの世紀——共振する20世紀のファッションとアート』(平凡社 2005年)
三島　彰編『モード・ジャポネを対話する』(フジテレビ出版 1988年)
南谷えり子・井伊あかり『ファッション都市論——東京・パリ・ニューヨーク』(平凡社新書 2004年)
ミラベラ, グレース著、実川元子訳『ヴォーグで見たヴォーグ』(文集文庫 1997年)
村松友視『ヤスケンの海』(幻冬舎 2003年)
茂登山長市郎『江戸っ子長さんの舶来屋一代記』(集英社新書 2005年)
安原　顯『「編集者」の仕事』(白地社 1991年)
鷲田清一編『ファッション学のすべて』(新書館 1998年)

Angeletti, Norberto and Alberto Oliva, 2006, *In Vogue: the illustrated history of the world's most famous fashion magazine*, Rizzoli.
Esten, John, 1999, *why don't you ? : Diana Vreeland Bazaar Years*, Universe.
Tilberis, Liz, 1998, *No Time To Die*, Avon Books.

Vreeland, Diana, 2011, *D. V.*, Harper Collins Publishers.

雑誌

『STUDIO VOICE　ファッション写真集ベスト170！』（INFASパブリケーションズ 2007年）
『STUDIO VOICE　ファッション・フォト　マトリックス』（INFASパブリケーションズ 2003年）
『Pen　もうすぐ絶滅するという、紙の雑誌について。』（CCCメディアハウス 2014年）
『Harper's BAZAAR　BEST COVERS 1867-2013 -Special Collector's Edition-』（ハースト婦人画報社 2013年）

URL

Condé Nast: http://www.condenast.com　2017/1/8
Harper's BAZAAR: http://www.harpersbazaar.com/culture/features/a92/bazaar-140-0507/　2017/1/8
HEARST: http://www.hearst.com
HEARST: http://www.hearst.com/newsroom/elizabeth-tilberis-award-winning-editor-in-chief-of-harper-s-bazaar-loses-battle-with-cancer-at-the-age-of-51　2017/1/8
INDEPENDENT: http://www.independent.co.uk/arts-entertainment/obituary-liz-tilberis-1088961.html
The New York Times: http://www.nytimes.com/1999/04/22/arts/elizabeth-tilberis-51-magazine-editor-dies.html

映画

『マドモアゼルC　ファッションに愛されたミューズ』ファビアン・コンスタン監督　2013年　ファントム・フィルム
『FUNNY FACE　パリの恋人』スタンリー・ドーネン監督　1957年　パラマウント
『DIANA VREELAND　The Eye has to Travel　ダイアナ・ヴリーランド 伝説のファッショニスタ』リサ・インモールディーノ・ヴリーランド監督・プロデューサー　2011年　シネマライズ＋ギャガ
『THE DEVIL WEARS PRADA　プラダを着た悪魔』ディビッド・フランケル監督　2006年　20世紀フォックス
『THE SEPTEMBER ISSUE　ファッションが教えてくれること』R. J. カトラー監督＆製作　2009年　クロックワークス

【初出一覧】

本書は、2013年12月28日より、2015年3月21日の間、ファッションヘッドラインに連載された「日本モード誌クロニクル」、2016年5月3日4日5日3回にわたり掲載された「メディアの未来を考える」、コンデナスト・ジャパンの北田淳社長のインタビューを基に、加筆したものである。本書の見出しとは異なるものもあるが、概ね内容は当時のインタビューに基づいている。

なお、取材を始めて出版までに5年の月日が経つため、編集部の体制や編集長交代があったことを了承いただきたい。

【日本モード誌クロニクル：横井由利】モード界とモード誌の関係／2013.12.28（Sat）
【日本モード誌クロニクル：横井由利】モードが日本にやって来た。ディオールからケンゾー／2013.12.29（Sun）
【日本モード誌クロニクル：横井由利】モード誌元年はこうして始まった。『アンアン／エル・ジャポン』創刊／2013.12.29（Sun）
【日本モード誌クロニクル：横井由利】モード誌の変容。『エル・ジャポン』が独立／2013.12.30（Mon）
【日本モード誌クロニクル：横井由利】変化を恐れず前進する『エル・ジャポン』。森明子体制へ／2013.12.31（Tue）
【日本モード誌クロニクル：横井由利】『エル・ジャポン』は独自の路線を歩み始めた／2013.12.31（Tue）
【日本モード誌クロニクル：横井由利】25周年を迎える『エル・ジャポン』。塚本香編集長の新機軸／2014.1.2（Thu）
【日本モード誌クロニクル：横井由利】紙媒体とwebの未来。融合する『ELLE UK』／2014.1.2（Thu）
【日本モード誌クロニクル：横井由利】パリを身近に感じる『マリ・クレール』の創刊—9/12前編　2014.1.3（Fri）
【日本モード誌クロニクル：横井由利】最新モードと知性を纏った『マリ・クレール』。小指敦子と安原顯　2014.1.3（Fri）
【日本モード誌クロニクル：横井由利】エコ・リュクスという服を着た生駒芳子の『マリ・クレール』　2014.1.4（Sta）
【日本モード誌クロニクル：横井由利】新コンセプトで再創刊した『マリ・クレール スタ

イル』とは　2014.1.5（Sun）
【日本モード誌クロニクル：横井由利】パリが日本にやってきた！『フィガロジャポン』創刊　2015.3.22（Sun）
【日本モード誌クロニクル：横井由利】『フィガロジャポン』蝦名編集長の仕事術　2015.3.23（Mon）
【日本モード誌クロニクル：横井由利】石川栄子、塚本香が彩りを添えた『フィガロジャポン』　2015.3.24（Tue）
【日本モード誌クロニクル第３部：横井由利】西村緑により再月刊化となった『フィガロジャポン』　2015.3.25（Wed）
【日本モード誌クロニクル：横井由利】パリ≒モード、だからやめられない　2015.3.26（Thu）
【日本モード誌クロニクル：横井由利】満を持して『ヴォーグ』上陸　2014.2.13（Ttu）
2014.2.14（Fri）
【日本モード誌クロニクル：横井由利】初めて明かされるヴォーグコード１　2014.2.14（Fri）
【日本モード誌クロニクル：横井由利】初めて明かされるヴォーグコード２　2014.2.15（Sat）
【日本モード誌クロニクル：横井由利】斎藤和弘という強いリーダーによるヴォーグ変革　2014.2.16（Sun）
【日本モード誌クロニクル：横井由利】立ちはだかる困難から見えてきたもの。渡辺三津子が編集長に　2014.2.17（Mon）
【日本モード誌クロニクル：横井由利】始動した進化型 VOGUE　2014.2.18（Tue）
【日本モード誌クロニクル：横井由利】世界で最も歴史のあるモード誌ハーパース・バザー　2014.2.21（Fri）
【日本モード誌クロニクル：横井由利】プチバブルとともに上昇気流に乗って　2014.2.22（Sta）
【日本モード誌クロニクル：横井由利】バザー、「創刊」という新たな扉が開く　2014.2.23（Sun）
【日本モード誌クロニクル：横井由利】EC、イベントなどマネタイズの多様性を敷く森バザー　2014.2.24（Mon）
【日本モード誌クロニクル：横井由利】ヴォーグと肩を並べるロフィシェル　2015.3.19（Thu）
【日本モード誌クロニクル：横井由利】『ロフィシャル』が再創刊へ。オムニチャンネルを生かし常識を覆す　2015.9.30（Wed）
【日本モード誌クロニクル：横井由利】出版界に風穴開くか。『ロフィシャル ジャパン』のアドバンテージとは　2015.10.5（Mon）
【日本モード誌クロニクル：横井由利】二つの産みの苦しみから誕生したヌメロ・トウキョ

ー　2014.2.19（Wed）
【日本モード誌クロニクル：横井由利】ヌメロ・トウキョー＝田中杏子と言われるまで　2014.2.20（Tue）
【日本モード誌クロニクル：横井由利】デイズドと上陸したナイロン・ジャパン　2015.3.16（Mon）
【日本モード誌クロニクル：横井由利】日本女子のシーンを作るナイロン・ジャパン　2015.3.17（Tue）
【日本モード誌クロニクル：横井由利】ナイロン・ジャパンのデジタルコミュニケーション力　2015.3.18（Wed）
【日本モード誌クロニクル：横井由利】集英社×朝日新聞の新マガジン『T ジャパン』　2015.3.20（Fri）
【日本モード誌クロニクル：横井由利】『T ジャパン』は日本のモード誌と一線を画す　2015.3.21（Sat）
【メディアの未来を考える】デジタルネイティブに向けたメディア『コスモポリタン』のスタイル -- ハースト婦人画報社：横井由利　2016.5.3（Tue）
【メディアの未来を考える】デジタル戦略がもたらす未来のメディア -- ハースト婦人画報社：横井由利　2016.5.2（Mon）
【メディアの未来を考える】競合他社とタッグを組む『エル・ショップ』と『ミモレ』のケース—ハースト婦人画報社：横井由利　2016.5.4（Wed）
常に“ナンバーワン”であり続ける理由。北田淳社長が語るコンデナスト・ジャパンのデジタル戦略：横井由利　2017.4.22（Sat）

デザイナー変遷年表

	Dior	Balenciaga	Celine	Chloe
1940	*クリスチャン・ディオール（47-48AW			
1950	*イヴ・サンローラン（58SS ～			
1960	60-61AW） *マルク・ボアン（61SS～89SS）			
1970				
1980	*ジャンフランコ・フェレ（89AW～96AW）			*カール・ラガーフェルド（？）
1990	*ジョン・ガリアーノ（97SS	*ジョセフ・メルキノー・ティミスター（～97AW） *ニコラ・ジェスキエール（98SS	*マイケル・コース（98AW～04AW）	*ステラ・マッカートニー（98SS ～
2000	～11SS） *ラフ・シモンズ（12-13AW オ～16SS プ）	～13SS）	*ロベルト・メニケッティ（05SS～05AW） *イヴァナ・オマジック（06SS～09AW）	01AW） *フィービー・ファイロ（02SS～06SS） *パウル・メリム・アンダーソン（07AW～08AW） *ハンナ・マクギボン（09AW～
2010	*マリア・グラツィア・キウリ（17SS プ）	*アレキサンダー・ワン（13AW～16SS） *デナム・ヴァサリア（16AW）	*フィービー・ファイロ（10SS～）	11AW） *クレア・ワイト・ケラー（12SS～17AW）

	Givenchy	Hermes	Issey Miyake	KENZO
1940				
1950	*ユベール・ド・ジバンシィ（52～			
1960	～			
1970	～			*高田賢三（70SS
1980	～			～
1990	92） *ジョン・ガリアーノ（96SS～97AW） *アレキサンダー・マックイーン（98SS～	*マルタン・マルジェラ（98AW～04SS）	*三宅一生（～98AW） *滝沢直己（99SS	～
2000	01SS） *ジュリアン・マクドナルド（02SS～04AW） *リカルド・テッシ（05AW～	*ジャンポール・ゴルチェ（04AW	～07SS） *藤原大（07AW	～00SS） *ジル・ロジエ（00AW～04SS） *アントニオ・マラス（04AW
2010	17AW） *クレア・ワイト・ケラー（18SS～）	～11SS） *クリストフ・ルメール（11AW～15SS） *ナディージュ・ヴァネ＝シビュルスキー（15AW～）	～07SS） *藤原大（07AW～11AW） *宮前義之（12SS～）	～11AW） *ウンベルト・レオン＆キャロル・リム（12SS～）

	LANVIN	LOEWE	Louis Vuitton	GUCCI
1940				
1950				
1960				
1970				
1980				
1990	*クロード・モンタナ（90AW～オ92A） *ドミニク・モルロッティ（92SS～96SS） *オシマール（96WA～98SS） *クリスティーナ・オルティス（98AW	*ナルシソ・ロドリゲス（98AW	*マーク・ジェイコブス（98AW	*トム・フォード（95AW
2000	～02SS） *アルベール・エルバス（00AW	～02SS） *ホセ・エンリケ・オナ・セルファ（02AW～08SS） *スチュアート・ヴィヴァース（09AW	～13SS） *ニコラ・ジェスキエール（13AW～）	～04AW） *アレッサンドラ・ファッキネッティ（05SS～05AW） *フリーダジェンニーニ（06SS
2010	～16AW） *ブシュラ・ジャラール（17SS～17AW）	～13AW） *ジョナサン・アンダーソン（15SS～）		～15SS） *アレッサンドロ・ミケーレ（15AW～）

	Valentino	Yve Saint Laurent
1940		
1950		
1960		＊イヴ・サンローラン（62
1970		～
1980		～
1990		～
2000	＊ヴァレンティノ・ガラバーニ（～08SS オ） ＊アレッサンドラ・ファッキネッティ（08SS～09SS） ＊マリア・グラツィア・キウリ＆ピエールパオロ・ピッチョーリ（09SS	～02SS オートクチュール） ＊アルベール・エルバス（00SS～00AW） ＊トム・フォード（01AW～04AW） ＊ステファノ・ピラーティ（05SS
2010	～16AW） ＊ピエールパオロ・ピッチョーリ（17SS）	～12AW） ＊エディ・スリマン（13SS～16AW） ＊アンソニー・ヴァカレロ（17SS～）

著者紹介

横井　由利（よこい　ゆり）

跡見学園女子大学マネジメント学部生活環境マネジメント学科准教授
明治学院大学社会学部卒業後、イヴ・サンローラン リヴゴーシュ西武入社。
1984年より『マリ・クレール』日本版のフリーランス・ファッションエディターから、『エル・ジャポン』エディターを経て、1990年『GQ』創刊のため中央公論社に入社。後に、2000年より『ハーパーズ バザー』のモード副編集長を務める。
退職後フリーランス・ファッションエディターとなり、2015年４月より現職。

モード誌クロノロジー――世界と日本を読み解く

2017年10月20日　初版第１刷発行

著　者　横井　由利
発行者　木村　哲也

定価はカバーに表示　　印刷　新灯印刷／製本　新灯印刷

発行所　株式会社　北樹出版

〒153-0061　東京都目黒区中目黒1-2-6
URL : http://www.hokuju.jp
電話(03)3715-1525(代表)　FAX(03)5720-1488

ISBN 978-4-7793-0556-6
（落丁・乱丁の場合はお取り替えします）